Sunilkumar Chhodavadia
Bhumika Dobariya

Efeito da irrigação e dos níveis de fertilidade na soja de verão

Sunilkumar Chhodavadia
Bhumika Dobariya

Efeito da irrigação e dos níveis de fertilidade na soja de verão

Rendimento e qualidade da soja de verão [glycine max (l.) merrill]

ScienciaScripts

Imprint

Cover image: www.ingimage.com

This book is a translation from the original published under ISBN 978-620-7-63975-5.

Publisher:
Sciencia Scripts
is a trademark of
Dodo Books Indian Ocean Ltd. and OmniScriptum S.R.L publishing group

120 High Road, East Finchley, London, N2 9ED, United Kingdom
Str. Armeneasca 28/1, office 1, Chisinau MD-2012, Republic of Moldova, Europe
Printed at: see last page
ISBN: 978-620-8-08224-6

Conteúdo

RESUMO....2
CAPÍTULO - I....3
CAPÍTULO - II....6
CAPÍTULO - III....21
CAPÍTULO - IV....37
CAPÍTULO - V....80
CAPÍTULO - VI....89
BIBLIOGRAFIA....92
APÊNDICES....102

RESUMO

Um experimento de campo intitulado "Efeito da irrigação e dos níveis de fertilidade no crescimento, rendimento e qualidade da soja de verão [*Glycine max* (L.) Merrill.]" foi realizado durante a temporada de verão de 2021 na Fazenda Instrucional, Departamento de Agronomia, Faculdade de Agricultura, Universidade Agrícola de Junagadh, Junagadh. Havia 12 combinações de tratamento consistindo em três programações de irrigação com base na relação IW / CPE (I1 = 0,6, I2 = 0,8 e I3 = 1,0) e níveis de fertilidade (F1: 40-80-0 NPK kg / ha, F2: 30- 60-0 NPK kg / ha, F3: 25-50-0 NPK kg / ha e F4: 2040-0 NPK kg / ha) foram testados em um projeto de parcela dividida com três repetições.

Os resultados indicaram que a programação da irrigação na relação 1.0 IW/CPE registou valores significativamente mais elevados de altura da planta (aos 30, 60 DAS e na colheita), número de ramos por planta e produção de matéria seca. Da mesma forma, a programação da irrigação a

O rácio 1,0 IW/CPE registou valores significativamente mais elevados de atributos de rendimento, componentes de rendimento e qualidade, *nomeadamente,* número de vagens por planta, rendimento de sementes (1764 kg/ha), rendimento de palha (2274 kg/ha) e rendimento de óleo, seguido do rácio 0,8 IW/CPE. A irrigação com uma relação de 1,0 IW/CPE aumenta o teor de humidade do solo antes da irrigação e a eficiência do uso da água é menor do que as outras.

Quase todos os atributos de crescimento, atributos de rendimento, parâmetros de rendimento e qualidade, bem como o retorno líquido e a relação B:C da soja foram significativamente maiores quando a cultura foi semeada com a aplicação de fertilizante de F2 (30-60-0 NPK kg/ha) seguido de perto por F1 (40-80-0 NPK kg/ha) sobre F3 (25-50-0 NPK kg/ha) e F4 (20-40-0 NPK kg/ha).

A interação entre o calendário de rega e os níveis de fertilizantes também foi significativa para o número de vagens por planta e para a produção de sementes (kg/ha) na combinação de tratamentos I3F2, seguida de I3F1 e I2F2. O estudo de correlação indicou que a produção de sementes teve uma correlação positiva altamente significativa com quase todos os atributos de crescimento e produção e caraterísticas de nutrientes.

O estudo da humidade do solo a partir de várias profundidades do solo e o uso consuntivo da água observaram o máximo sob a relação 1.0 IW/CPE. Por outro lado, foi obtida uma maior utilização da água quando a cultura foi regada com um rácio de 0,6 IW/CPE.

Maior realização bruta e líquida, bem como a relação B:C foram obtidas quando a cultura foi irrigada com 1,0 IW/CPE com aplicação de fertilizante (30-60-0 NPKkg/ha) seguido de 0,8 IW/CPE e F1 (30-60-0 NPK kg/ha) combinação de tratamento.

Assim, a partir do presente estudo, pode-se concluir que a soja (GJS-3) irrigada com uma relação de 1,0 IW/CPE e aplicação de fertilizante (30-60-0 NPK kg/ha) para obter maior rendimento e realização líquida máxima, bem como a relação B:C seguida de perto pela cultura irrigada com uma relação de 0,8 IW/CPE e aplicação de fertilizante (30-60-0 NPK kg/ha) em solo preto médio das condições agroclimáticas de Saurashtra do Sul.

CAPÍTULO - I

INTRODUÇÃO

A soja [*Glycine max* (L.) Merrill.] é uma leguminosa da família *Leguminaceae*, subfamília *Papillonaceae* (*Fabaceae*) e género Glycine. A soja é também conhecida como a "cultura maravilha", "joia amarela", "feijão milagroso", "feijão dourado", "carne do campo", "ouro da terra" e "pérola oriental". É um alimento nutritivo que contém a fonte mais rica e mais barata de proteína vegetal (40%) e óleo (20%), é bem equilibrado em aminoácidos essenciais, rico em gorduras polinsaturadas, particularmente ácidos gordos Ómega 6 e Ómega 5, contém 6 a 7 minerais totais, 5 a 6% de fibra bruta e 17 a 19% de hidratos de carbono (Chauhan e Joshi, 2005). A soja é a fonte mais rica, mais barata e mais fácil de proteínas e gorduras de melhor qualidade. Por isso, é designada como cultura vegetariana de carne e de maravilhas.

A soja é uma das culturas mais importantes a nível mundial devido ao seu teor de proteínas e óleo vegetal. A soja estabeleceu-se como uma cultura de sementes oleaginosas industrialmente importante e economicamente viável em várias partes da Índia. Devido à sua elevada qualidade nutricional, aos grandes rendimentos, ao curto período de crescimento (90-110 dias), à baixa utilização de água e à capacidade de melhorar a fertilidade e a produtividade do solo através da fixação simbiótica de azoto, a cultura da soja tem um grande potencial. Como resultado, ganhou o cognome de "Ouro do Solo".

Esta cultura pode ser cultivada tanto na estação *kharif* como na *rabi/verão*. No verão, as datas de sementeira mais populares são os dias 15th de fevereiro e 15th de março. Onde houver uma oferta suficiente de infra-estruturas de irrigação. Nas últimas três décadas, a Índia registou grandes progressos agrícolas, alcançando a autossuficiência em cereais e envidando esforços significativos para aumentar a produção e a produtividade das culturas de leguminosas e oleaginosas. As colheitas de sementes oleaginosas são, desde há muito, a força vital da economia do país. A soja é considerada o "grão de ouro" do século XXI.

Os grãos de soja são muito adaptáveis a uma variedade de solos e temperaturas. Os grãos de soja crescem melhor a temperaturas entre 26°C e 30°C; se a temperatura descer abaixo dos 10°C, a cultura não crescerá e se a temperatura ultrapassar os 40°C, o crescimento, a floração e a formação de sementes serão afectados. Com dias curtos, é uma planta sensível ao fotoperíodo. O solo ideal é o franco-arenoso com elevado teor de adubo orgânico. O seu crescimento é mais adequado em solos com um pH de 7,0 e uma capacidade considerável de retenção de água.

É originária da China e atualmente cultivada em diferentes países, incluindo os EUA, a China, o Brasil, a Argentina e a Índia, *etc*. A nível mundial, a soja ocupa o primeiro lugar entre as várias culturas oleaginosas, contribuindo com cerca de 25% para a produção mundial total de óleo e gordura. Na Índia, os principais estados produtores de soja são Madhya Pradesh, Maharashtra, Rajasthan, Karnataka, Andhra Pradesh e Chhattisgarh. Na Índia, a soja é cultivada numa área de 118,38 milhões de hectares, com uma produção de 104,55 milhões de toneladas (Anonymous, 2020b). Em Gujarat, a soja cultivada é cultivada numa área de 1,49 milhões de hectares, com uma produção de 2,08 milhões de toneladas e uma produtividade de 1400,39 kg/ha (Anonymous. 2020a).

A soja responde bem à irrigação, embora seja uma cultura resistente à seca. Na soja irrigada, a biomassa, a produção de grãos e os componentes da produção aumentaram significativamente (Sincik *et al.*, 2008). A qualidade da soja também difere em condições de irrigação e de stress hídrico. O rendimento mais elevado com a proteína de grão mais elevada pode ser alcançado em condições de boa irrigação. Sob um défice hídrico elevado, apenas se pode obter um teor moderado de proteínas, mas o rendimento diminui significativamente (Foroud *et al.*, 1993). A soja é muito sensível ao stress hídrico em algumas fases críticas de crescimento, como a floração, o desenvolvimento das vagens ou o enchimento das vagens, etc. Nessas alturas, o stress hídrico reduzirá o rendimento de forma ligeira ou drástica. Por conseguinte, quando há falta de água de irrigação ou escassez de água, a estratégia das fases de crescimento cruciais é fundamental. O stress hídrico nas fases de floração, enchimento das vagens ou desenvolvimento foi considerado mais prejudicial para o rendimento das culturas em ensaios realizados em vários locais, particularmente na fase de enchimento das vagens (Tuteja e Tripathi, 1993). As plantas não irrigadas ou as plantas secas nas fases vegetativa ou de floração produzem menos vagens e grãos. O teor de proteína e óleo do grão aumenta quando a seca ocorre durante a fase de enchimento das vagens (Demirtas *et al.*, 2010). O rendimento de uma única irrigação (2,5 cm) é, em média, cerca de 20 por cento superior ao rendimento sem irrigação. A irrigação em plena vagem aumenta o grão por planta e o peso por semente (Daniel e Granade, 2002).

A programação da rega fornece informações não só sobre as necessidades de água da cultura, mas também sobre o momento adequado para a sua aplicação. Os programas de rega são grandemente influenciados pela procura atmosférica prevalecente. A irrigação está a ser programada com base na água de irrigação (lW) e no rácio de evaporação acumulada (CPE). (Parihar *et al.*, 1974) também sugeriu uma abordagem climatológica baseada na relação entre uma quantidade fixa de água de irrigação (IW) e a evaporação acumulada da panela (CPE).

A utilização de fertilizantes é considerada um dos factores mais importantes para aumentar o rendimento das culturas. Os fertilizantes são importantes para o crescimento e desenvolvimento corretos das plantas. Especialmente, os fertilizantes azotados, fosfatados, potássicos e fosfatados (Taylor, 1997). A maioria dos fertilizantes compostos contém três elementos essenciais para o crescimento das plantas: NPK, que significa azoto (promove o crescimento das folhas), fósforo (raízes, flores e frutos) e potássio (crescimento do caule e das raízes e análise proteica). O azoto é um componente da clorofila e promove o crescimento vegetativo e a coloração verde da folhagem. O fósforo desempenha um papel importante na fotossíntese, respiração, armazenamento de energia, divisão celular e maturação. O potássio é importante no metabolismo das plantas, na síntese de proteínas e no desenvolvimento da clorofila.

O azoto é um componente integral de muitos compostos, incluindo a clorofila e as enzimas, essenciais para os processos de crescimento das plantas. É um componente essencial dos aminoácidos e das proteínas relacionadas. O azoto é essencial para a utilização dos hidratos de carbono nas plantas e estimula o crescimento e o desenvolvimento das raízes, bem como a absorção de outros nutrientes. Este elemento estimula o crescimento vegetativo acima do solo e dá uma cor verde profunda às folhas. Reconhece-se que o azoto é um dos elementos-chave da fertilidade do solo. A maioria dos países desenvolvidos está a obter rendimentos elevados e a manter o nível de azoto no solo através da aplicação de fertilizantes químicos azotados. A soja, sendo uma cultura leguminosa, é capaz de fixar o azoto atmosférico através da simbiose. No entanto, vários estudos demonstraram que a fixação simbiótica de azoto não é capaz de satisfazer as elevadas necessidades de azoto desta cultura, especialmente em condições de carência de azoto. (Yao *et al.,* 2009) referiram que o rendimento de grãos de soja foi afetado pelos níveis de N. Os rendimentos dos tratamentos com baixo nível de N e nível médio de N não atingiram níveis significativamente diferentes, mas foram obviamente superiores aos do tratamento com alto nível de N.

A deficiência de fósforo é provavelmente um dos maiores constrangimentos para a agricultura. As plantas necessitam de fósforo para crescer ao longo do seu ciclo de vida, especialmente durante as fases iniciais de crescimento e desenvolvimento. Na soja, a demanda por P é maior durante o desenvolvimento da vagem e da semente, onde mais de 60% do P acaba nas vagens e nas sementes (Usherwood, 1998). Sua absorção e utilização pela soja é essencial para garantir a formação adequada de nódulos e melhorar o rendimento e a qualidade da cultura (Anônimo, 2004). Um nível muito elevado de fosfato no solo reduziu o teor de proteína e óleo das sementes, enquanto o rendimento seria baixo se o fósforo disponível fosse inferior a 30 kg P/ha (DAFF, 2010).

As fontes de fósforo mais importantes nos solos aráveis são os fertilizantes químicos, embora 75 a 90 por cento do fósforo seja fixado com ferro, cálcio e alumínio no solo (Turan *et al.*, 2006). Por conseguinte, a utilização de bactérias solubilizadoras de fosfato é essencial para resolver o problema. Está provado que o P aumenta o peso e o número de nódulos radiculares e também pode aumentar o rendimento das vagens (Jones *et al.*, 1977). Diferentes relatórios revelaram que não se podia esperar um aumento no rendimento da soja quando a concentração de P no solo era superior a 20 mg/kg (Webb *et al.*, 1992).

O potássio muitas vezes limita a produção e precisa ser incluído em um programa de fertilidade do solo; o potássio deve ser incluído como nutriente corretivo. Aumentos na produtividade da soja foram obtidos em resposta à fertilização com K. O potássio (K) também tem um papel importante na regulação da perda de água das plantas, ajudando assim a prevenir a necrose da planta. Serve como um ativador de enzimas usadas na fotossíntese e respiração, ajuda a construir celulose e ajuda na fotossíntese pela formação de um precursor de clorofila e finalmente resulta em frutos de qualidade (Nziguheba *et al.*, 1998). As quantidades relativamente grandes de K são necessárias para que a soja tenha um rendimento elevado. Verificou-se que a soja responde a vários níveis de K em diferentes situações agro-climáticas (Silva e Bohnen, 1991). A deficiência de K em qualquer altura durante a estação de crescimento da soja reduziu o seu rendimento de vagens; enquanto que a aplicação de fertilizantes com K aumentou o número de nódulos, o peso dos nódulos e o número de vagens/planta (Jones *et al.*, 1977)

Com estas considerações em vista, o ensaio de campo sobre "Efeito dos níveis de irrigação e fertilidade no crescimento, rendimento e qualidade da soja de verão [*Glycine max* (L.) Merrill.] variedade GJS-3 foi conduzido na Fazenda Instrucional, Departamento de Agronomia, Faculdade de Agricultura, Universidade Agrícola de Junagadh, Junagadh durante a temporada de verão de 2021 com os seguintes objetivos.

1. Estudar o efeito de diferentes níveis de irrigação e fertilidade no crescimento, rendimento e qualidade da soja de verão.
2. Determinar a eficiência do uso da água na soja influenciada por diferentes níveis de irrigação e fertilidade.
3. Para a determinação do teor de humidade do solo.
4. Determinar os tratamentos economicamente viáveis de diferentes níveis de irrigação e fertilidade.

CAPÍTULO - II

REVISÃO DA LITERATURA

Nas duas últimas décadas, a água tornou-se um recurso limitado na Índia. Consequentemente, intensificou-se a procura de tecnologias/medidas para poupar/conservar água na agricultura de regadio. Por conseguinte, é necessário diminuir o consumo de água das plantas utilizando métodos de irrigação mais eficientes, tecnologia de melhoramento de plantas, intervalos de irrigação mais longos, maior depleção de humidade, saltar a irrigação durante o crescimento vegetativo inicial ou durante a fase de maturação e sincronizar a duração do intervalo de irrigação com a fase de crescimento da planta. Desta forma, a irrigação pode ser poupada através da redução do número de regas, mas ainda assim é possível obter um rendimento económico semelhante.

Os níveis de rendimento de muitas culturas estão a diminuir ou a estagnar devido ao declínio considerável da matéria orgânica e da fertilidade dos solos em todo o país. A produção média de soja no Estado de Gujarat (2,08 milhões de toneladas) é baixa em comparação com a produção média nacional (9,6 toneladas métricas) e internacional (11,20 toneladas métricas) de soja para o ano de 2021. Neste sentido, é necessário dar ênfase à aplicação de uma quantidade adequada de nutrientes vegetais, especialmente NPK, à soja, de acordo com as suas necessidades em várias fases de crescimento, um aspeto fundamental do aumento da produtividade de Gujarat, onde os agricultores estão a cultivar soja intensivamente. Neste sentido, a literatura de investigação disponível na Índia e noutros locais sobre a maximização do rendimento da soja através da aplicação dividida de NPK de acordo com as necessidades em várias fases da soja.

Tendo estes factos em consideração, os resultados relevantes da investigação relacionados com o presente estudo intitulado **Efeito da irrigação e dos níveis de fertilidade no crescimento, rendimento e qualidade da soja de verão [*Glycine max* (L.) Merrill:**

2.1 EFEITO DOS NÍVEIS DE IRRIGAÇÃO

2.1.1 Efeito dos níveis de irrigação no crescimento, rendimento e qualidade da soja

2.1.2 Efeito dos níveis de irrigação na eficiência do uso da água

2.1.3 Efeito dos níveis de irrigação no teor de humidade do solo

2.1.4 Efeito dos níveis de irrigação no teor e absorção de nutrientes

2.1.5 Efeito dos níveis de irrigação na economia

2.2 EFEITO DOS NÍVEIS DE FERTILIDADE

2.2.1 Efeito dos níveis de fertilidade no crescimento, rendimento e qualidade da soja

2.2.2 Efeito dos níveis de fertilidade na eficiência do uso da água

2.2.3 Efeito dos níveis de fertilidade no teor de humidade do solo

2.2.4 Efeito dos níveis de fertilidade no teor e absorção de nutrientes

2.2.5 Efeito dos níveis de fertilidade na economia

2.3 EFEITO DA IRRIGAÇÃO E DA FERTILIDADE NÍVEIS

2.4 EFEITO DOS NÍVEIS DE IRRIGAÇÃO

2.1.1 Efeito dos níveis de irrigação no crescimento, rendimento e qualidade da soja

Tank *et al.* (1992) realizaram uma experiência de campo durante a época de verão do ano de 1988 na Universidade Agrícola de Gujarat, Junagadh, (Gujarat) para estudar a resposta da grama verde de verão "K 851" à irrigação. Os resultados indicaram que o rendimento mais elevado obtido com a relação 1,0 IW/CPE resultou num maior número de vagens/planta, comprimento das vagens, peso de teste, bem como rendimento de sementes do que a relação 0,8 e 0,6 IW/CPE.

Uma experiência de campo foi conduzida durante o verão de 1986 e 1987 em grama verde Morena, (Madhya Pradesh) em solo franco-arenoso, os resultados indicaram que a irrigação a 100 mm CPE registou um conteúdo proteico (%) e um rendimento proteico (kg/ha) significativamente mais elevados em comparação com a irrigação a 150 e 200 mm CPE (Tomar *et al.*, 1993).

Chavan (1997), em Navsari, efectuou uma experiência com soja de verão e referiu que todos os parâmetros de crescimento, *nomeadamente* a altura periódica das plantas, o número de nódulos radiculares, os ramos e a matéria seca por planta, aumentaram significativamente com a relação 0,8 IW/CPE.

Foi realizada uma experiência em solo franco-arenoso na quinta da S. V. Agriculture College, Tamil Nadu, durante a estação *rabi* do ano de 1993-94, para determinar a resposta do amendoim ao calendário de rega com base nos rácios IW/CPE. Verificaram que a irrigação programada com um rácio IW/CPE de 1,0 resultou numa altura de planta significativamente mais elevada, índice de área foliar e produção de matéria seca/planta. (Sree e Rao, 1998).

Parihar *et al.* (1999) realizaram uma experiência de campo durante as estações de verão em Madhya Pradesh. O amendoim foi irrigado a 0,6, 0,8, 1,0 ou 1,2 IW/CPE. Os resultados revelaram que as produções de vagens, sementes e óleo foram as mais elevadas com um rácio de 1,0 IW/CPE.

Kumawat *et al.* (2000) realizaram uma experiência com soja no ICAR, Nova Deli. Os resultados revelaram que os rendimentos de sementes, palha, óleo e proteína da soja foram consideravelmente maiores quando a relação IW/CPE foi de 0,8.

Numa experiência de campo conduzida em Coimbatore durante as estações de verão e *kharif* com soja, Elamathi e Singh (2001) observaram que a programação da rega com um rácio de 0,60 IW/CPE registou uma maior produção de sementes do que com rácios de 0,40 IW/CPE.

Prabhakaran e Lourduaj (2004) realizaram uma experiência com soja em Tamilnadu durante todo o verão. A maior altura da planta, o índice de área foliar e a produção de matéria seca na soja registada sob humidade adequada são atribuíveis a um melhor desenvolvimento vegetativo induzido por uma maior absorção e utilização de nutrientes, conforme relatado pela relação IW/CPE que varia de 0,70 a 1,20.

Patel *et al.* (2005) conduziram uma experiência na Universidade Agrícola de Navsari, em Navsari, durante a época de verão. Descobriram que, com rácios de 0,9 IW/CPE, a irrigação mais frequente produziu uma semente consideravelmente mais elevada (1003,09 kg/ha) e um rendimento a granel (2565,84 kg/ha) de blackgram de verão do que com rácios de 0,7 e 0,5 IW/CPE, respetivamente.

Rana *et al.* (2005) realizaram uma experiência de campo para estudar o efeito dos calendários de irrigação no desempenho das leguminosas de verão cultivadas em associação com a cana-de-açúcar em Pantnagar, (Uttarakhand). De acordo com os resultados, a irrigação aplicada na relação 1,2 IW/CPE aumentou o rendimento de vagens verdes em 8,1 e 14,1 % do que a relação 0,8 IW/CPE e a irrigação nas fases de floração e enchimento de vagens, respetivamente.

Patel (2008) investigou o feijão-frade de verão na Universidade Agrícola de Anand, Anand, no verão de 2007. A altura da planta e o LAI foram mais elevados com a irrigação a um rácio de 0,8 IW/CPE do que com rácios de 0,6 e 0,4 IW/CPE.

Foi efectuada uma experiência de campo em Karnataka com grão-de-bico. Verificaram que a irrigação do grão-de-bico com um rácio de 0,8 IW/CPE resultou numa largura de copa, área foliar e produção de matéria seca por planta consideravelmente maiores em todas as fases do que a irrigação com um rácio de 0,4 IW/CPE. Mas permaneceu a par da relação 0,6 IW/CPE (Mansur *et al.* 2010).

Patel *et al.* (2010) realizaram uma experiência de campo em Gujarat com feijão francês para estudar a resposta da cultura sob diferentes regimes de humidade. Os autores opinaram que a produção de sementes aumentou significativamente com o aumento da frequência das regas. A maior produção de sementes (1828 kg/ha) foi obtida com irrigação a 1,0 IW/CPE em relação à irrigação a 0,6 IW/CPE (1103 kg/ha).

Tripathy e Bastia (2012) realizaram uma experiência com o objetivo de estudar a gestão da irrigação e dos nutrientes para aumentar a produtividade do sésamo de verão (*Sesamum indicum* L.). Em Bhubaneswar, durante as estações de verão de 2010 e 2011, observaram que foram registados atributos de rendimento mais elevados e rendimento de sementes (808 kg/ha) de sésamo com um rácio de 1,0 IW/CPE em comparação com 0,6, 0,8 e 1,2 IW/CPE.

Suresh *et al.* (2013) realizaram uma experiência com amendoim em Rajendranagar durante a estação *Rabi*. Revelaram que a produção de vagens de amendoim foi maior quando a irrigação foi aplicada a IW/CPE de 1,0 em oposição a IW/CPE de 0,6 e 0,8 com o método de aspersão.

Em Faizabad (U.P.), na Índia, foi efectuada uma experiência de campo para investigar os efeitos de quatro níveis de irrigação (0,6, 0,8 e 1,00 de relação IW/CPE e 10 dias de intervalo a 6 cm de profundidade). Verificaram que a relação IW/CPE 1,0 resultou na maior altura da planta, acumulação de matéria seca e índice de área foliar da grama verde, enquanto a relação IW/CPE 0,6 resultou na menor. (Yadav e Singh, 2014).

Chaudhary *et al.* (2015) observaram os efeitos do calendário de irrigação no amendoim na Universidade Agrícola de S. D. (Gujarat) em solo franco-arenoso durante a estação do verão de 2013. Relataram que, entre os diferentes calendários de irrigação, a irrigação na proporção 1,0 IW/CPE registou valores mais elevados de parâmetros de crescimento, *nomeadamente*, altura da planta na colheita e número de ramos/planta, número de vagens/planta, peso de 100 kernel, rendimento de vagens/planta, rendimento de vagens e rendimento de lanço, teor de óleo e teor de proteínas.

A influência da programação da irrigação com base na relação IW/CPE e níveis de enxofre no desempenho da grama verde foi estudada por Patel *et al.* (2015) em Anand, Gujarat. Eles relataram que valores mais altos de caráter de crescimento e atributos de rendimento, rendimento de sementes e palha foram registrados no tratamento de irrigação 0,8 IW / CPE ratio.

Deewan *et al.* (2015) realizaram uma experiência de verão com feijão em Anand (Gujarat). Eles descobriram que a irrigação com 1,0 relação IW/CPE resultou em uma população de plantas significativamente maior (177), altura da planta na colheita (90,44 cm), índice de área foliar na maturidade (175,64), número de vagens por planta (82,20), comprimento médio da vagem (8,42 cm), rendimento de vagem verde (19480 kg/ha) e rendimento de forragem verde (27817 kg/ha) do que a irrigação a 0,8.

Dhaker *et al.* (2016) realizaram uma experiência em Udaipur durante a estação *Rabi* com feno-grego. Os resultados mostram que o rácio IW/CPE de 1,0 registou um rendimento de sementes agrupadas significativamente mais elevado (1833 kg/ha) a um nível de 45,48, 27,50 e 11,90% e um rendimento de lanço agrupado (5111 kg/ha) a um nível de 41,42, 23,72 e 10,26%

Singh *et al.* (2017) realizaram uma experiência durante 2011-12 e 2012-13 em Morena, Madhya Pradesh, com soja. Os resultados revelaram que a irrigação com rácios de 0,6 (IW/CPE) é significativamente maior em termos de crescimento, atributos de rendimento e rendimento de sementes de soja (51,3% e 39,0%) em comparação com 0,4 e 0,8 IW/CPE.
Chouhan *et al.* (2017) realizaram uma experiência de campo na Fazenda Instrucional da Faculdade de Agricultura do Rajastão, MPUAT, Udaipur e mostraram que a irrigação com a relação IW/CPE a 1,0 aumenta significativamente a altura da planta, o acúmulo de matéria seca aos 60, 90 e colheita e o rendimento do trigo, bem como esses tratamentos aumentam o rendimento de grãos em 10,60 e 12,68, o rendimento de palha em 8,23 e 11,34 e o rendimento biológico em 9,19 e 11,88 %, respetivamente, em relação a 0,8 IW/CPE.
Naresha *et al.* (2018) estudaram a influência de três regimes de humidade, *nomeadamente* os rácios IW/CPE de 0,6, 0,8 e 1,0. A experiência de campo foi realizada em Rajendranagar, Hyderabad, durante o *rabi* de 2013-14. Verificaram que o maior rendimento, atributos de rendimento e qualidade do amendoim foram registados com 1,0 relação IW/CPE.
Lokhande *et al.* (2018) observaram que a vagem seca, o granulado, a amêndoa, o óleo, o rendimento biológico e a bioenergia do amendoim de verão foram significativamente mais elevados sob irrigação programada a 1,0 IW/CPE em comparação com 0,8 IW/CPE.
Durante a época de verão, Karande *et al.* (2019) realizaram uma experiência de campo com feijão-mungo de verão na Universidade Agrícola de Anand, Anand. Aos 50, 60, 70 DAS e na colheita, foi documentado um aumento do peso seco do caule (103,5 g, 145,7 g, 183,8 g e 187,0 g) no tratamento com nível de irrigação (0,8 relação IW/CPE).
Bhuva (2020) realizou uma experiência durante as estações de verão de 2013 e 2014 na quinta Krishi Vigyan Kendra da Universidade Agrícola de Junagadh. Os resultados indicaram que a irrigação a 0,8 IW/CPE, a par de 1,0 IW/CPE, melhorou os parâmetros de crescimento fisiológico, *ou seja*, o índice de área foliar (LAI), a relação folha: caule, a produção de sementes (1,33 t/ha), a produção de palha (2,84 t/ha) e o índice de colheita (31,9%) em relação a 0,4 IW/CPE.
Durante a época de verão de 2019-20, foi realizada uma experiência de campo sobre o amendoim de verão na Universidade Agrícola de Junagadh, Junagadh. Quando o amendoim foi irrigado sob (rácio IW/CPE de 0,6, 0,8 e 1,0), Kotadiya *et al.* (2021) constataram que o parâmetro de qualidade do descasque (%), teor de óleo (%), rendimento de óleo (kg/ha), teor de proteína (%) e rendimento de proteína (kg/ha) foram consideravelmente maiores do que quando o amendoim foi irrigado sob (rácio IW/CPE de 0,8).
Solanke *et al.* (2021) realizaram uma experiência de campo na Faculdade de Agricultura Rajarshee Chhatrapati Shahu Maharaj, Kolhapur, durante o verão de 2020. Revelaram que a aplicação de irrigação a 1,0 IW/CPE registou um número significativamente superior de vagens/planta (47,41g), peso da vagem/planta (47,64 g), peso de 100 grãos (47,27g) em relação à irrigação a 0,6 IW/CPE.
Puppala *et al.* (2021) efectuaram uma experiência de campo em Rajendranagar, Hyderabad, com mostarda. Revelaram que a irrigação a 1,0 IW/CPE na mostarda produziu uma acumulação máxima de matéria seca, bem como melhores índices de crescimento em comparação com 0,8 e 0,6 IW/CPE.
Em Kota (Rajasthan), Meena *et al.* (2021) descobriram que a irrigação com rácios de 1,0 IW/CPE aumentou a altura da planta, a acumulação de matéria seca e o número de nódulos por planta na soja.

2.1.2 Efeito dos níveis de irrigação na eficiência do uso da água

Tuteja e Tripathi (1993) afirmaram que a necessidade de água e a eficiência do uso da água foram máximas sob a programação da irrigação da soja com uma relação de 0,9 IW/CPE.

Rajput *et al.* (1993) realizaram uma experiência em Morena (M. P.) durante a estação *kharif* e relataram que a soja irrigada com uma relação de 0,6 IW/CPE registou um rendimento de grãos significativamente mais elevado do que a relação de 0,3 IW/CPE, juntamente com uma maior WUE de 2,28 e 2,64 kg/ha-cm, respetivamente.

Sabale (1994) relatou que a necessidade total de água da soja variou de 43,5 a 73,5 cm sob vários tratamentos, dos quais o uso máximo de consumo de água (67,86 cm) pela soja foi observado quando a irrigação foi programada para 75 mm CPE. A maior eficiência de uso da água (17,33 kg/ha-cm) foi observada quando a irrigação foi aplicada em estágios críticos de crescimento da cultura.

Enquanto trabalhava em Navsari durante a estação do verão, Chavan (1997) referiu que o consumo de água pela soja era mais elevado com rácios de 0,8 IW/CPE.

Bharambe *et al.* (1999) realizaram uma experiência durante 1994-95 e 1995-96 em Maharashtra. Eles revelaram que a eficiência do uso da água na soja foi maior em canteiros e sulcos com irrigação a 0,6 IW/CPE.

Kumar *et al.* (2000) realizaram uma experiência de campo em Kharagpur, Bengala Ocidental, durante o verão de 1993 e 1994, para investigar o efeito da irrigação, seguindo um rácio de 0,4, 0,6 e 0,8 IW/CPE. A eficiência da utilização da água também aumentou com um rácio IW/CPE de 0,6.

Prabhakaran e Lourduaj (2004) realizaram uma experiência de campo com soja de verão. Eles observaram que o consumo total de água variou de 450 a 533 mm, enquanto variou de 350 a 438 mm com IW/CPE 0,60 e de 250 a 393 mm com IW/CPE 0,40.

Patel *et al.* (2008) realizaram uma experiência de campo com amendoim de verão em Sardarkrushinagar e descobriram que a média mais elevada de WUE (4,76 kg/ha-mm) foi alcançada com 40 mm de CPE, enquanto a mais baixa foi obtida com 60 mm de CPE.

Tripathy e Bastia (2012) realizaram uma experiência de campo durante as épocas de verão de 2010 e 2011 em Bhubaneswar, em seasmum. Observaram que a eficiência de utilização da água com um rácio IW/CPE de 1,2 era a máxima (53,6 cm) e 11,2, 25,2 e 54,8% superior à do rácio de 1,0, 0,8 e 0,6, respetivamente

Suresh *et al.* (2013) realizaram uma experiência com amendoim em Rajendranagar durante a estação *rabi*. A irrigação por aspersão a uma taxa de 1,0 IW/CPE (4,68) produziu maior WUE do que a irrigação por bacia (3,94).

Foi efectuado um estudo de campo durante o verão de 2009, 2010 e 2011 num solo franco-arenoso na Estação Central de Investigação, Universidade de Agricultura e Tecnologia, Bhubaneswar (Odisha), para estudar o efeito da programação da irrigação no amendoim. Das *et al.* (2013) mostraram que a maior WUE foi observada com IW/CPE de 0,6, enquanto o valor mais baixo foi observado com IW/CPE de 1,0.

Yadav e Singh (2014) realizaram uma experiência de campo em Faizabad (U.P.) durante o inverno de 2010-11 e descobriram que o máximo de WUE (49,12 kg/ha-cm) foi observado com um rácio de 0,6 IW/CPE.

Kumar *et al.* (2017) os dados médios sobre o rendimento equivalente do amendoim (kg/ha) e WUE (kg/ha-mm) revelaram que o tratamento 0,7 IW/CPE teve um valor consideravelmente maior do que os outros tratamentos.

Bhadoria (2018) realizou uma experiência de campo em Madhya Pradesh, em que o rácio 0,8

IW/CPE foi superior ao rácio 0,6 e 0,4 IW/CPE no que respeita à utilização da água. Do mesmo modo, a eficiência da utilização da água aumentou com o calendário de rega.

Foi realizada uma experiência de campo com grama verde num solo franco-arenoso em Bengaluru e foi demonstrado que a irrigação a 80% CPE (1710 kg/ha) produziu um rendimento equivalente de grama verde significativamente mais elevado do que a irrigação a 60% CPE. Como resultado, a programação da irrigação a 80% CPE em leguminosas aumenta a produção, a eficiência da água e o lucro (Shirgapure e Fathima, 2018).

Durante a *kharif* 2018-19, Megharani *et al.* (2020) realizaram uma experiência com o feijão-frade em Kalaburagi. A eficiência do uso da água do feijão-de-pombo (5,59 kg/ha-mm) mostrou-se mais elevada em 50 % CPE em comparação com 75 % e 100 % CPE.

2.1.3 Efeito dos níveis de irrigação no teor de humidade do solo

Yadava (1980) verificou que o escalonamento da irrigação a 85 mm CPE, que correspondia a uma depleção de 50% da humidade disponível no solo no 1 m superior do solo, aumentava o uso da água.

Jana *et al.* (1984) concluíram que, a irrigação a 0,5 atm. de tensão durante o período de crescimento aumentou a evapotranspiração, a eficiência do uso da água (WUE) e a extração de humidade da camada de 15 cm do solo.

O stress hídrico num regime de irrigação de 0,40 rácios IW/CPE reduziu significativamente as sementes/pod (Ramesh e Swamy, 1992)

De acordo com Chavan (1997), a relação 0,8 IW/CPE produziu a percentagem máxima de extração de humidade, seguida da relação 0,6 e 0,4 IW/CPE.

Prabhankar N. K. (2003) revelou que o teor de humidade do solo era maior no fator de utilização da água 0,90 IW/CPE, com um rácio de 17,2 e 19,2 por cento durante o verão e *a kharif*, respetivamente, devido à reduzida frequência de rega.

Prabhakaran e Lourduraj (2004) concluíram que o fornecimento de humidade suficiente seguindo a relação 0,80 IW/CPE ao longo do crescimento da cultura aumentou o número de ramos da soja (14,17), o que foi altamente associado ao rendimento de grãos.

Patel *et al.* (2008) observaram que a humidade do solo extraída da camada superficial (0-30 cm) foi mais elevada (49,88%) com 40 mm de CPE, enquanto o máximo (20,18%) da camada de 45-60 cm foi observado com 50 mm de CPE e a maior extração de humidade da camada mais profunda (45-75 cm) foi observada com 60 mm de CPE.

Naresha *et al.* (2018) estudaram a influência de três regimes de humidade*, nomeadamente* os rácios IW/CPE de 0,6, 0,8 e 1,0. A experiência de campo foi realizada em Rajendranagar, Hyderabad, durante o *Rabi* 2013-14. Verificou-se que o regime de humidade mais elevado no início da floração foi observado na relação 1,0 IW/CPE.

2.1.4 Efeito dos níveis de irrigação no teor e absorção de nutrientes

Sabale (1994) concluiu que a maior absorção de NPK foi observada com 75 mm de irrigação CPE. No entanto, à medida que a frequência de irrigação foi reduzida, o azoto disponível e a dose de fosfato.

Sridhara e Thimmegowda (1997) realizaram uma experiência de campo em Bangalore durante o verão e descobriram que a soja irrigada com uma relação de 0,8 IW/CPE tinha a maior absorção de azoto (57,38 kg/ha) e fósforo (10,27 kg/ha), seguida de 0,4 e 0,6 IW/CPE.

Em Udaipur, Kumawat *et al.* (2000) referiram que, na soja *kharif,* a relação 0,8 IWI/CPE resultou numa absorção máxima de azoto e fósforo do que outros tratamentos.

Durante a *kharif* 2018-19, Kalaburagi acolheu uma experiência de campo com ervilha-de-angola. Verificou-se um aumento significativo da absorção de azoto (161,04 kg/ha), absorção de fósforo (28,26 kg/ha), absorção de potássio (85,29 kg/ha), rácio CPE de 75 % em comparação com rácios CPE de 50 % e 100 %. (Megharani *et al.* 2020).

Mandeewal *et al.* (2020) realizaram uma experiência com feijão de cacho em Bikaner, Rajasthan, durante a estação *kharif.* Os resultados mostraram que o aumento do nível de irrigação de 100 mm para 200 mm aumentou a produção do feijão de cacho, a absorção de azoto pelas sementes, o rendimento total das plantas, a produtividade da água e o rendimento proteico acima de 100 mm e permaneceu comparável a 300 mm.

Bhuva (2020) realizou uma experiência durante as estações de verão de 2013 e 2014 na quinta Krishi Vigyan Kendra da Universidade Agrícola de Junagadh. O teor máximo de N, P e K na semente e no caule e a absorção total de N (87,8 kg/ha), P (15,0 kg/ha) e K (54,9 kg/ha) pelo feijão-caupi foram registados sob a relação 1,0 IW/CPE.

Meena *et al.* (2021) efectuaram uma experiência em Kota (Rajasthan) com soja. O teor máximo de nutrientes (N (6,49) e (1,63) por cento, P (0,65) e (0,31) por cento e K (1,41) e (3,85) por cento) e a absorção (N (97,0) e (24,4) kg/ha, P (9.75) & (4,60) kg/ha e K (21,0) & (57,33) kg/ha em sementes e palha foram registados sob as relações (1,0 IW/CPE) em comparação com as relações (0,6 IW/CPE), respetivamente.

2.1.5 Efeito dos níveis de irrigação na economia

A partir de uma experiência de campo realizada com greengram na College of Agronomy Farm, Mahatma Phule Krishi Vidyapith, Pune, (Maharashtra) Bachchhav *et al.*, (1993) relataram que o maior retorno monetário líquido (? 13.231/ha) foi obtido quando a cultura foi irrigada com 1,0 IW/CPE em comparação com a fase crítica de crescimento, 0,75, 0,50 CPE rácios.

Chavan (1997) conduziu uma experiência em Navsari com soja de verão e referiu que o rendimento líquido mais elevado (? 3.741,70/ha) e o rácio B:C (1:1,48) foram obtidos com rácios de 0,8 IW/ICPE, seguidos de rácios de 0,6 e 0,4 IW/CPE.

Num estudo de campo conduzido por Bhadoria e Bhadoria (2002) para investigar o efeito da irrigação no crescimento e rendimento de Guar e Mungbean em Jabalpur, (Madhya Pradesh) durante as estações de verão. Descobriu-se que um rácio IW/ CPE mais elevado de 1,0 produziu os maiores rendimentos líquidos (1:1,85).

Foi efectuada uma experiência de campo durante a época de verão de 1999 e 2000 na Universidade Agrícola de Gujarat, Sardar Krishinagar (Gujarat). Verificaram que o CBR mais elevado com (? 14,607/ha) realização líquida sob irrigação com um rácio IW/CPE de 1.0 (Patel *et al.*, 2005).

Sumathi *et al.* (2006) realizaram uma experiência de campo em 2001 e 2002 com girassol em Andhra Pradesh. No Instituto Indiano de Investigação Agrícola em Nova Deli, Idnani e Gautam (2008) realizaram uma experiência de campo com grama verde durante as estações de verão. Eles concluíram que a irrigação programada a 80 mm CPE produziu o maior retorno líquido (? 9.498/ha), seguido pela irrigação programada a 80 mm CPE produziu o segundo maior retorno líquido (? 9.407/ha).

De *et al.* (2013) realizaram uma experiência com sésamo durante a época de verão de 2010. Revelaram que o rendimento líquido máximo de ? 19 581/ha com um rácio B:C de 1,72 foi obtido com um rácio IW/CPE de 0,8, mas foi igual ao rácio IW/CPE de 1,0, que deu um rendimento líquido de ? 18 998/ha com um rácio B:C de 1,67.

Deewan *et al.* (2015) realizaram uma experiência sobre o feijão de verão na Universidade Agrícola de Anand, em Anand, Gujarat, durante a época de verão de 2009. Os resultados revelaram que o tratamento (rácio 1,0 IW/CPE) teve a maior realização bruta (? 1,97,581/ha) e líquida (? 1,78,749/ha), seguido do tratamento (rácio 0,8 IW/CPE) com (? 1,88,440/ha e ? 1,70,765/ha) realização bruta e líquida, respetivamente.

Kumbhar *et al.* (2015) realizaram uma experiência com ervilha-de-angola *rabi* durante 2009-10 na Universidade Agrícola de Anand, Anand. Com um rácio B:C máximo de 2,34, o programa de irrigação com um rácio de 0,8 IW/CPE resultou em rendimentos líquidos significativamente mais elevados de ? 37.591/ha.

Dhaker *et al.* (2016) realizaram uma experiência em Udaipur durante a estação *rabi* com feno-grego. Observaram que o rácio IW/CPE 1.0 registou um retorno líquido agrupado significativamente mais elevado, registando um aumento de ? 21.030, 13.272 e 6.929/ha em relação aos rácios IW/CPE 0.4, 0.6 e 0.8, respetivamente

Patel *et al.* (2015), durante a época *rabi* de 2010-11, realizaram uma experiência de campo com greengram na Universidade Agrícola de Anand, em Anand, Gujarat. Demonstrou que com BCR 3.19, o tratamento (0.8 IW/CPE ratio) teve uma maior realização líquida (? 66,855/ha).

Nanda e Ambast (2016) observaram que os retornos líquidos máximos da soja e do grão-de-bico foram realizados com a relação 0,6 IWK8/CPE ? 66.898 e 84.877/ha.

Naresha *et al.* (2018) estudaram a influência de três regimes de humidade, *nomeadamente* os rácios IW/CPE de 0,6, 0,8 e 1,0. Realizaram uma experiência de campo na quinta da faculdade, Acharya N. G. Ranga Agricultural University, Rajendranagar, Hyderabad durante o *rabi* 2013-14. Observaram que o rácio B:C mais elevado (2,4) foi obtido com rácios de 0,8 IW/CPE.

Megharani *et al.* (2020) realizaram uma experiência com ervilha-de-angola em Kalaburagi, durante o *kharif* 2018-19. Descobriram que, com um rácio CPE de 75%, os rendimentos brutos (? 2,26,245/ha), os rendimentos líquidos (? 1,73,435/ha) e o rácio B:C (4,29) eram mais elevados do que com um rácio CPE de 50% e 100%.

Solanke *et al.* (2021) efectuaram uma experiência de campo em Kolhapur durante o verão. Revelaram que a irrigação da cultura a 1,0 IW/CPE registou rendimentos monetários brutos significativamente mais elevados (? 1,50,813/ha), rendimentos monetários líquidos (? 8,35,390/ha) e rácio B: C (2,24) do amendoim em relação ao tratamento 0,6 IW/CPE.

Kotadiya *et al.* (2021) observaram que a irrigação da cultura do amendoim com um rácio IW/CPE de 1,0 registou a realização bruta e líquida máxima, bem como o rácio B:C, respetivamente, seguido de um rácio IW/CPE de 0,8 com a realização bruta e líquida, bem como o rácio B:C.

2.5 EFEITO DOS NÍVEIS DE FERTILIDADE

2.2.1 Efeito dos níveis de fertilidade no crescimento, rendimento e qualidade da soja

Goswami *et al.* (1991) relataram que o teor de óleo da soja aumentou significativamente com o aumento dos níveis de fosfato e o teor máximo de óleo no grão foi obtido com @ 60 kg P_2 O5/ha.

Mishra e Vyas (1992) afirmaram que a aplicação de 20 kg de N + 60 kg de P2O5 + 20 kg de K2O/ha deu o maior rendimento de 1,24 t/ha, sobre um rendimento de 0,88 t/ha sem fertilizante.

Nagar *et al.* (1993) relataram um aumento no óleo e na proteína de 1,0% e 2,7%, respetivamente, em relação ao controle com a aplicação de 60 kg de P2O5/ha à soja.

Gaikwad e Puranik (1996) relataram que o maior rendimento de grãos e matéria seca da soja com a aplicação de 60 kg de P2O5/ha através de SSP.

Magen (1997) estudou que a aplicação de 30:80:50 N: P: K kg/ha registou um rendimento de grãos significativamente mais elevado (25,9 q/ha) e um peso de 100 grãos (14,2 g) em

comparação com outros tratamentos, mas foi igual a 30:80:25 N: P: K kg/ha na soja.
Chafle *et al.* (1999) relataram que o conteúdo de proteína (34,07%) e óleo (19,56%) aumentou significativamente em 30 kg N/ha através da ureia em relação ao controlo na soja.
Kumawat *et al.* (2000) realizaram uma experiência durante a *kharif* de 1993 e 1994 para estudar o efeito do azoto no rendimento, no teor de óleo e na absorção de nutrientes da soja. O tratamento aplicou 4 níveis (20, 40, 60 e 80 kg N/ha). Os resultados revelaram que a aplicação de azoto até 60 kg/ha aumentou os rendimentos de sementes, palha, óleo e proteínas da soja.
Tewari e Pal (2005) efectuaram uma experiência de campo durante 2002 e 2003 em solos negros médios de Madhya Pradesh. Concluíram que a aplicação de fósforo a 60 kg/ha e de potássio a 50 kg/ha revelou um teor de proteínas e um teor de óleo significativamente mais elevados, que eram iguais aos de 90 e 75 kg/ha, respetivamente.
Maheshbabu *et al.* (2008) relataram que a aplicação de 40:80:20 N: P: K kg/ha + FYM 5 t/ha registou uma altura de planta significativamente mais elevada (49,4 cm), número de ramos/planta (6,07), número de folhas de planta (21,53) e índice de área foliar (5,08), número de vagens/planta (39,67), número de sementes de vagem (2,51), peso de 100 sementes (12,11 g) e rendimento de sementes (22,35 q/ha) em comparação com outros tratamentos na soja.
Kumawat *et al.* (2000) realizaram uma experiência durante a *kharif* de 1993 e 1994 para estudar o efeito do azoto no rendimento, no teor de óleo e na absorção de nutrientes da soja. O tratamento aplicou 4 níveis (20, 40, 60 e 80 kg N/ha). Os resultados revelaram que a aplicação de nitrogénio até 60 kg/ha aumentou o rendimento de sementes, de palha, de óleo e de proteínas da soja.
Mrkovacki *et al.* (2008) investigaram os efeitos de diferentes taxas de nitrogênio (0, 30, 60, 90 kg N/ha) na soja e descobriram que, na floração, o tratamento com 60 kg N/ha tinha a maior massa e comprimento da planta acima do solo.
Shahid *et al.* (2009) realizaram uma experiência em soja com 25, 50, 75 e 100 kg de P2O5/ha em Faisalabad, Paquistão. Eles descobriram que o aumento da taxa de P2O5 em 100 kg/ha resultou em um comprimento de vagem consideravelmente melhor, vagens/planta, produção biológica e de óleo e índice de colheita.
Numa experiência de campo no Bangladesh, Jahangir *et al.* (2009) utilizaram três doses de N (20, 30 e 40 kg/ha) e três doses de P2O5 (10, 20 e 30 kg/ha). A aplicação de 40 kg N /ha resultou na maior altura de planta e quantidade de vagens por planta. A aplicação de 40 kg de N/ha + 30kg de P2O5/ha maximizou a % de óleo e o rendimento da soja.
Lone *et al.* (2009) realizaram uma experiência de campo em Srinagar (J & K) durante a estação *kharif* em soja com aplicação de (40:60:40, 60:90:60 e 80:120:80 de N: P2O5:K2O kg/ha). O resultado indicou que a aplicação de N80 P120 K80 kg/ha melhorou significativamente os parâmetros de crescimento, *como* altura da planta, LAI, número de nódulos/planta, peso fresco do nódulo e acumulação de matéria seca.
Shafii *et al.* (2011) relataram que a aplicação de 60 kg N/ha à soja registou significativamente maior, altura da planta, vagens (35,1), sementes (2,7), peso de teste (187,9 g) e rendimento de sementes (663,45 g m^2) quando comparado com 30 e 90 kg N/ha na soja.
Rana *et al.* (2012) revelaram que atributos de crescimento da soja como altura da planta (81 cm) e produção de matéria seca (803 g m^2) aumentaram com a aplicação de 60 kg P2O5/ha na soja.
Patel *et al.* (2012) relataram que a aplicação de 30:60:40:10 N: P: S: Zn kg/ha registou maior teor de proteína (42,32%) e óleo (22,08%) em comparação com outros tratamentos na soja.
Kang *et al.* (2012) revelaram que a aplicação de 30 kg de N + 60 kg de P2O5/ha registrou maior

rendimento de sementes (24 q/ha) em comparação com 15 kg de N + 40 kg de P_2O, e 40 kg de N + 80 kg de P_2O/ha (23 e 22,2 q/ha, respetivamente) na soja.

Durante a *kharif* 2007 e 2008, Singh e Singh (2013) realizaram uma experiência de campo na Universidade Agrícola de Punjab em Ludhiana. Havia dois níveis de potássio na experiência (0 e 30 kg K_2O/ha). O tratamento 30 kg K_2O/ha na sementeira produziu um rendimento de sementes mais elevado (25,1 q/ha e 24,8 q/ha em 2007 e 2008, respetivamente) do que os outros tratamentos.

Akter *et al.* (2013) realizaram uma experiência em Dhaka, Bangladesh, com soja com diferentes níveis de P2O5 (*viz.*, 0, 15, 30, 50 kg P_2O_5/ha). Os resultados revelaram que a altura da planta, o número de ramos primários/planta, o número de folhas/planta e a produção de palha aumentaram significativamente até 50 kg de P_2O_5/ha. Por outro lado, o número de vagens/planta, o número de sementes/planta, o peso de mil sementes, o rendimento de grãos e o rendimento biológico aumentaram significativamente até 30 kg de P2O5/ha.

Sikka *et al.* (2013) relataram que a aplicação de 30 kg de N, 60 kg de P_2 O/ha juntamente com 10 t de FYM/ha à soja registou uma altura de planta significativamente mais elevada (108,4 cm), número de vagens/planta (150,3), peso de teste (10,4 g) e rendimento de sementes (32,6 q/ha).

Yadav *et al.* (2013) realizaram uma experiência de campo em Junagadh com soja de verão. Os resultados revelaram que uma aplicação de fósforo de 60 kg/ha registou uma altura de planta significativamente mais elevada (49,56 cm), ramos/planta (5,83), propagação de plantas (36,78 cm), vagens/planta (58,78), sementes/vagem (3,04), peso de teste (149,22 g), rendimento de sementes (2675 kg/ha) e rendimento de palha (2980 kg/ha) em relação ao controlo.

Dhage *et al.* (2014) realizaram uma experiência de campo para estudar o efeito dos níveis de fósforo na soja durante 2009-10 e 2010-11 no Research Farm Department of soil science and argil. Chemistry parbhani. O tratamento consistiu em quatro níveis de fósforo (P_0, P_{30}, P_{60} e P_{90} kg P_2O_5/ha), o resultado indicou que o rendimento de grãos e palha aumentou com o aumento da taxa de aplicação de fósforo.

Niraj e Prakash (2014) descobriram que 45 kg/ha de P2O5 aumentaram significativamente os parâmetros de crescimento, como a altura da planta, o número de ramos, a acumulação de matéria seca e os caracteres de atribuição de rendimento, *nomeadamente* o número de vagens, o número de grãos por vagem, o peso dos grãos por planta, o peso de teste, o rendimento de grãos e palha.

Begum *et al.* (2015) testaram a soja com três níveis de nitrogênio (0, 25 e 40 kg N/ha) e quatro níveis de fósforo (0, 18, 36 e 54 kg P_2O_5/ha) em Bangladesh. Eles observaram que a aplicação combinada de 25 kg/N com 54 kg de P_2O_5/ha resultou no maior número de ramos/planta, sementes/planta, altura da planta, número de vagens cheias/planta, peso das sementes/planta, peso seco da planta, peso de 100 sementes, rendimento de sementes e de palha.

Shinde *et al.* (2015) indicaram que a aplicação de 100 % de FTR (30:60:30 N: P_2O_5: K_2O kg/ha) registou maior altura de planta (57,09 cm), número de ramos/planta (5,83), matéria seca/planta (33,32 g) e maior teor de proteína (40,05 %) na soja.

Matusso *et al.* (2015) relataram que a maior altura de planta foi encontrada com uma taxa de 60 kg de P_2O_5/ha O tratamento de 40 kg de P_2O_5/ha resultou em uma quantidade significativamente maior de vagens por planta. Com 60 kg de P_2O_5/ha, foi encontrado o maior peso de 100 sementes. A taxa de 60 kg/ha de P2O5 produziu os maiores rendimentos de biomassa e de grãos.

Bobrecka *et al.* (2017) realizaram uma experiência na estação experimental de ensaios de variedades em Przeclaw com quatro doses de azoto: 0, 30, 60 e 30+30 kg/ha. Relataram que uma única aplicação da dose de 30 ou 60 kg/ha aumentou o rendimento das sementes em 0,63 e 0,67 t/ha, respetivamente, em comparação com o controlo.

Mali *et al.* (2017) realizaram uma experiência em Akola, Maharashtra, com soja com os níveis de 30:75:00 kg NPK/ha, 30:75:30 kg NPK/ha, 30:75:60 kg NPK/ha e 30:75:90 kg NPK/ha. Verificou-se que a aplicação de 30:75:90 kg NPK/ha resultou numa melhoria significativa no rendimento de grãos (17,21 q/ha) e palha (27,04 q/ha) da soja.

Raghuveer *et al.* (2017) realizaram uma experiência em Dharwad em solo negro médio durante o *kharif-2015*. Relataram que a maior altura da planta (55,13 cm), o número de ramos (7,17), a produção total de matéria seca (21,63 g), o rendimento de sementes (25,77 q/ha) e o rendimento de lanço (31,32 q/ha) foram registados com a aplicação combinada de azoto 60 kg/ha e fósforo 80 kg/ha.

Luikham *et al.* (2018) observaram que o maior rendimento de sementes foi registado com a aplicação de fósforo a 60 kg de P2O5/ha e o rendimento de palha a 90 kg de P2O5/ha. No entanto, os teores de óleo e proteína nas sementes foram significativamente aumentados com a aplicação de fósforo até 30 kg P2O5/ha.

Lambon *et al.* (2018) realizaram uma experiência com soja no distrito de Tolon, na região norte do Gana, com quatro doses de fertilizante N (ureia): 0, 15, 30 e 45 kg N/ha. Quando comparados com os outros tratamentos, os tratamentos de 30 e 45 kg N/ha demonstraram o maior crescimento e rendimento.

Mamatha *et al.* (2018) realizaram um experimento para estudar o efeito de diferentes níveis de nitrogênio no rendimento da soja com quatro níveis de nitrogênio (0, 40, 80, 120 kg N/ha), relataram que o maior rendimento médio de grãos de 1997 e 1874 kg/ha foram registrados com a aplicação de 120 kg N/ha.

Goswami *et al.* (2019) realizaram um experimento em soja com os níveis de (P0, P60, P66, P92 e P118 kg P2O5/ha. Os resultados revelaram que o rendimento das sementes e o rendimento da palha aumentaram significativamente devido à aplicação de 118 kg P2O5/ha em relação ao controlo e outros tratamentos. Os teores de proteína e óleo foram comparativamente mais elevados ao nível de fósforo de 118 kg P2O5/ha em comparação com os restantes níveis de fósforo, *ou seja,* 41,44% e 19,83% de teor de proteína e óleo, respetivamente.

2.2.2 Efeito dos níveis de fertilidade na eficiência do uso da água pela soja

A partir do ensaio efectuado com soja *kharif* irrigada em Morena. Rajput *et al.* (1993) relataram que o uso consuntivo de água e a eficiência do uso da água (WUE) aumentaram com o aumento do nível de fósforo e os valores máximos foram registados a 80 kg P2O5/ha.

Kumar *et al.* (2000) efectuaram uma experiência em Kharagpur, Bengala Ocidental, durante o verão de 1993 e 1994. Os resultados revelaram que a eficiência da utilização da água também aumentou com um nível de nutrientes de 30 kg de N, 60 kg de P2O5 e 30 kg de K2O/ha.

Bahrani e Pourreza (2016) realizaram uma experiência numa zona árida do Irão em 2013 com sementes de colza. Verificaram que a maior eficiência de utilização da água, com uma média de

1,04 kg/m^3 foi obtido com 300 kg K/ha e o mais baixo com o tratamento de 0 kg K2O/ha.

Mahrous *et al.* (2016) descobriram que a aplicação do composto NPK (19:19:19) com 15 kg de cada elemento fertilizante/feddan registou o maior IWUE (0,456 kg/m^3 água).

Gupta *et al.* (2017) realizaram uma experiência em mandsaur durante o *rabi* de 2015-16 com favas. Verificaram que a maior WUE foi registada com 30:60:45 kg NPK/ha.

2.2.3 Efeito dos níveis de fertilidade no teor de humidade do solo

Aminah *et al.* (2020) relataram que o ambiente de estufa controlado para investigar um componente eficiente e eficaz da tecnologia de gestão da água no aumento do rendimento da soja. Os resultados mostraram que a imersão contínua em um nível de água de 5 cm mostrou o melhor rendimento em número de vagens (20,81) e número de sementes por planta (162,94). O tratamento aumentou a produção de sementes (peso da semente) em aproximadamente 19,23% em comparação com a capacidade de campo.

2.2.4 Efeito do fertilizante no teor e absorção de nutrientes

Dang *et al.* (1984) relataram que a aplicação de 25 kg de N + 60 kg de P2O5, ha deu o rendimento máximo de matéria seca, bem como a absorção de N e P pela soja em Uchai (Kamal).

Malik (1996) realizou uma experiência em Navsari durante o verão e revelou que a absorção de azoto (57,04 kg/ha) e de fósforo (16,30 kg/ha) pelo grão era mais elevada com 60 kg de P2O5/ha, seguida de 30 kg de P2O5/ha e da testemunha.

Foi efectuada uma experiência de campo em Raipur (Madhya Pradesh) durante a estação das chuvas de 1995. A partir dos resultados, Tiwari e Tripathi (1997) relataram que a absorção total de P aumentou até 60 kg de P_2 Os ha na soja entre os diferentes níveis de 30, 60 ou 90 kg de P_2 O5/ha.

Chafle *et al.* (1999) relataram que a maior absorção de nitrogênio na soja foi obtida com a aplicação de 30 kg N/ha através da uréia.

Foi efectuada uma experiência de campo na estação das chuvas de 1993-94 em Sehore (Madhya Pradesh) e concluiu-se que a aplicação de fósforo a 60 kg/ha produziu uma maior absorção de N, P e K pela soja (Dubey e Agarwal, 1999).

Kumavat *et al.* (2000) investigaram a absorção de N e P pelas sementes e pelo caule, constatando que a absorção total aumentava consideravelmente com o aumento de N até 60 kg/ha.

Akbari *et al.* (2001) realizaram uma experiência de campo em Gujarat e verificaram que, com o aumento da taxa de P, a absorção total de N, P e K aumentou até 60 kg de P2O5 /ha.

Tanwar e Shakatavat (2003) efectuaram uma experiência em Udaipur. Os resultados revelaram que o aumento significativo da produção de sementes, do teor de proteínas, do teor de óleo e da absorção de N e P da soja foi registado até 38,7 kg de P2O5/ha. A aplicação de 38,7 kg de P2O5/ha aumentou a produção de sementes e a absorção de N & P2O5 da soja em 13,3, 18,7 e 30,5 % em relação a 12,9 kg de P2O5/ha, respetivamente.

Laharia *et al.* (2004) realizaram ensaios de campo em Akola, Maharashtra, durante as estações de kharif de 1996 e 1997 com doses variadas (0, 15, 30, 45, 60 e 75 kg/ha) em vários momentos. Descobriram que os fertilizantes N tiveram um impacto positivo na absorção de N, P e K da soja, que aumentou à medida que a planta progrediu da floração para a colheita.

Kumar *et al.* (2008) observaram que a absorção total (amêndoa e haste) de nutrientes foi significativamente superior com a aplicação de 60 kg de P2O5 e 60 kg de S/ha no que diz respeito à absorção de azoto (42,62% e 42,83%), fósforo (42,62% e 38,41%), potássio (45,93% e 41,51%) e enxofre (30,41% e 36,21%).

Tewari e Pal (2005) realizaram uma experiência de campo em Madhya Pradesh, Índia, em 2002 e 2003 e verificaram que a aplicação de fósforo (0, 30, 60, 90 kg/ha) aumentou significativamente a absorção de N, P, K e S, mas diminuiu a absorção de Ca, Mg, Fe, Zn, Cu e Mn.

Morshed *et al.* (2008) realizaram uma experiência em Savar, Daca, durante a estação *rabi* de 2004-2005 com soja. Os resultados revelaram que quantidades crescentes de azoto aumentaram a absorção de nutrientes e o teor de proteínas nas sementes (até à mesma taxa de 26,45 kg N/ha). 26,45 kg N/ha produziram a absorção máxima de K (32,13 mg/planta).

Singh *et al.* (2008) indicaram que a aplicação de 60 kg de P_2 O + *rizóbio* + PSB registou uma absorção de fósforo significativamente mais elevada (21,4 kg/ha) em comparação com outros tratamentos de grama preta.

Jahangir *et al.* (2009) realizaram uma experiência de campo com soja em Dhaka, Bangladesh. Verificaram que a parcela que recebeu fertilizante azotado a uma taxa de 40 kg/ha tinha a percentagem mais elevada de azoto tanto nas sementes (6,02) como nas palhetas (1,78). No tratamento com 30 kg de P2O5/ha, o teor máximo de fósforo nas sementes foi de 0,68%.

Abbasi *et al.* (2012) realizaram uma experiência de campo com soja de sequeiro em Rawalakot, Paquistão. Os resultados revelaram que os tratamentos P90, K80 e P90K40 tiveram a maior absorção de N com 159,8 kg/ha em 2008 e 196,5 kg/ha em 2009.

Gharpinde *et al.* (2014) opinou que a aplicação de 30:75:25 NPK kg/ha + biofertilizante registou maior absorção de nutrientes de N (132,24 Kg/ha), P (23,17 Kg/ha) e K (47,5 Kg/ha) em comparação com outros tratamentos na soja.

Shubhangi *et al.* (2014) verificaram que o teor de fósforo na soja variou de 0,39 a 0,575% no grão e de 0,108 a 0,234% na palha por níveis de fósforo. O teor de N aumentou de 102,28 na testemunha para 108,99 kg/ha e de 92,48 na testemunha para 106,08 kg/ha com a aplicação de 60 kg de P2O5/ha.

Kumar *et al.* (2014) realizaram uma experiência em Dharwad com amendoim. Os resultados revelaram que o tratamento (30 kg/N, 60 kg/P2O5, 25 kg K2O/ha) registou uma absorção significativamente mais elevada (147,04 kg N/ha, 23,30 kg P2O5/ha e 118,48 kg K2O/ha) em comparação com todas as outras proporções de fertilizante N/P.

Durante as estações de crescimento de verão de 2011 e 2012, Mahmowd *et al.* (2016) realizaram testes de campo em amendoim na Estação de Investigação Agrícola de Ismailia. Afirmaram que o aumento das taxas de N, P e K de 30-30-24 para 60-45-48 kg NPK proporcionou um aumento significativo da absorção de N, P e K.

Mali *et al.* (2017) realizaram uma experiência de campo para avaliar o efeito de vários níveis de potássio no rendimento da soja e no estado dos nutrientes do solo no campo do agricultor em Vertisols em Kanehri, Akola durante a *kharif* 2015-16. A maior absorção de N (134,12 kg/ha), P (16,37 kg/ha) e K (44,67 kg/ha) foi registada com a aplicação de 30:75:90 kg NPK/ha. Mandeewal *et al.* (2020), durante a estação *kharif* de 2016, realizaram uma experiência com feijão de cacho em Bikaner, Rajasthan. Em comparação com o controlo e 20 kg N/ha, a aplicação de 40 kg N/ha resultou num teor de azoto significativamente mais elevado na semente e no caule, na absorção de azoto pela semente, no caule e na planta total, no teor de proteínas na semente e no rendimento proteico do feijão de cacho, embora tenha permanecido ao mesmo nível que 60 kg N/ha.

2.2.5 Efeito dos níveis de fertilidade na economia da soja

Kacha (1988) relatou que 30 kg de N junto com 60 kg de P2O5/ha era a dose ideal para a soja em solos negros médios de Junagadh. Este tratamento aumentou acentuadamente o retorno líquido máximo de ? 5.082/ha.

A realização líquida máxima de ? 2.192/ha com uma relação B:C de ? 1:1,10 registada com 60 kg P2O5/ha em soja de verão (Malik, 1996).

Sharma e Namdeo (1999) relataram em Rewa (M.P), em soja *kharif,* que a aplicação de 75 kg de P?O5/ha deu o maior retorno líquido (2.380 euros/ha), apenas o dobro do que sem fósforo.

Akbari *et al.* (2001) efectuaram uma experiência de campo durante 1991-96 em Gujarat. Verificaram que o rácio B:C mais elevado (6,99) registou 15 kg N/ha. Entre as diferentes taxas de P, o P a 30 kg/ha foi considerado o mais económico para a produção de soja. Este tratamento registou a maior relação B:C.

Thanki *et al.* (2005) referiram que o retorno líquido e a relação custo-benefício mais elevados foram obtidos com 60 kg de P2O5/ha numa experiência de campo realizada em Navsari, num solo argiloso, durante o verão.

Patel *et al.* (2012) opinaram que a aplicação de 30:60:40:10 N: P: S: Zn kg/ha registou maiores retornos líquidos (? 15.572/ha) e rácio B: C (1,86) em comparação com outros tratamentos, mas foi a par com 30:60:40:5 N: P: S: Zn kg/ha em soja.

Sentimenla *et al.* (2013), num ensaio de campo em Nagaland, descobriram que a aplicação de 25,8 kg de P?O5/ha resultou num retorno líquido muito maior (? 36.950 /ha) e no rácio B: C (2,06). A aplicação de 25,8 kg de P?O5/ha sobre o controlo resultou num aumento do rendimento líquido de (? 8.750/ha).

Durante os anos de 2003-04, 2004-05 e 2005-06, Lad *et al.* (2014) realizaram uma experiência de campo com feijão francês com quatro níveis de azoto (0, 50, 100 e 150 kg/ha) e quatro níveis de fósforo (0, 25, 50 e 75 kg P2O5/ha), tendo a cultura recebido 100 kg N/ha obtido o máximo de rendimentos líquidos. Com quantidades crescentes de P até 75 kg P2O5/ha, os grãos monetários em termos de rendimentos brutos e líquidos aumentam de forma consistente e significativa.

Kolpe e Bodake (2017) realizaram uma experiência de campo durante a época de verão, 20132014 em Dhule. O resultado mostrou que os retornos monetários brutos (? 80.885,45/ha), líquidos (? 50.010,45/ha) e a relação B:C foi maior sob a aplicação de 75 % de N através de fertilizante + 25 % de N através de vermicomposto com aplicação de potássio 45 kg/ha.

Patel *et al.* (2019) descobriram que o tratamento com fósforo a 40 kg P2O5/ha resultou em uma realização bruta máxima de ? 76.268/ha, realização líquida de ? 55.302/ha e BCR de 3,64.

2.3 EFEITO DE INTERACÇÃO ENTRE A IRRIGAÇÃO E OS NÍVEIS DE FERTILIDADE

Vasimalai e Subramanian (1980), enquanto trabalhavam em Madurai (T.N.) durante a estação das chuvas, indicaram que a programação da irrigação com base no rácio IW/CPE de 0,8, juntamente com 50 kg de P2O5/ha, resultou num rendimento de grão significativamente mais elevado para a grama verde, em comparação com outras combinações de tratamentos.

Singh e Singh (1983) observaram que a irrigação com a relação IW/CPE de 3,00 deu a maior produção, seguida pela relação IW/CPE de 0,50 e 0,33. Também a aplicação de P2O5 60 kg/ha registou a maior produção. No entanto, as diferenças entre 40 e 60 kg de P2O5/ha não foram significativas.

Rao e Reddy (1990), na fazenda da faculdade de agricultura de Bapatla, revelaram que o número de vagens por planta, sementes por vagem, peso de cem sementes e, finalmente, o rendimento de grãos e palha aumentaram significativamente com o aumento do número de irrigações. Observaram também que a aplicação de 60 kg de N/ha, juntamente com a irrigação nas fases vegetativa, de floração e de formação de vagens, produzia um rendimento máximo de soja.

Rajendra e Lourduraj (2000) realizaram experiências de campo na Universidade Agrícola de Tamil Nadu, Coimbatore, Índia, durante as épocas de verão de 1994 e 1995, num esquema de parcelas divididas. Os resultados revelaram que a irrigação em IW/CPE 0,80 com uma população de plantas de 0,66 milhões de plantas/ha e nível de P de 100 kg P_2O_5/ha é promissora na obtenção da máxima produtividade da soja.

Kumawat *et al.* (2000) realizaram uma experiência com soja durante a época *da colheita* de 1993 e 1994. Os resultados revelaram que os rendimentos de sementes de soja, de palha, de óleo e de proteínas foram significativamente maiores quando o rácio IW/CPE foi de 0,8. O rendimento da semente de soja, da palha, do óleo e das proteínas aumentou quando o azoto foi aplicado a uma taxa de 60 kg /ha.

Gupta *et al.* (2017) realizaram uma experiência em mandsaur durante o *rabi* de 2015-16 com favas. Os resultados revelaram que os atributos de crescimento e rendimento mais elevados, bem como o rendimento com 1,00 relação IW/CPE e 45:80:60 kg NPK/ha.

Bhuva (2020) realizou uma experiência durante as estações de verão de 2013 e 2014 na quinta Krishi Vigyan Kendra da Universidade Agrícola de Junagadh. Eles observaram que a irrigação a 1,0 IW/CPE e a dose de fertilizante de 20:40 kg N: P_2O_5/ha poderiam ser aplicadas para um maior rendimento do feijão de cacho, juntamente com a manutenção da saúde do solo na estação do verão.

Puppala *et al.* (2021) conduziram uma experiência de campo em Rajendranagar, Hyderabad, com mostarda. Eles revelaram que a irrigação a 1,0 IW/CPE e a fertilização com (100-50-50 kg N- P_2O_5-K_2O/ha) dão maior rendimento na mostarda.

CAPÍTULO - III

MATERIAIS E MÉTODOS

A presente experiência, intitulada "**Efeito da irrigação e dos níveis de fertilidade no crescimento, rendimento e qualidade da soja de verão**", foi realizada durante a época de verão de 2021 na Universidade Agrícola de Junagadh, Junagadh (Gujarat).

3.1 LOCAL DA EXPERIÊNCIA

A experiência foi realizada na parcela C-8 da Quinta de Instrução, Departamento de Agronomia, Faculdade de Agricultura, Universidade Agrícola de Junagadh, Junagadh, durante a época de verão de 2021.

3. 2LOCALIZAÇÃO GEOGRÁFICA DO SÍTIO EXPERIMENTAL

Geograficamente, Junagadh está situada a 21,5° de latitude N e 70,5° de longitude E, a uma altitude de 60 m acima do nível médio das águas do mar, no lado ocidental, no sopé da montanha "Girnar", na zona agro-climática de Saurashtra do Sul do estado de Gujarat, e goza de um clima tipicamente subtropical caracterizado por um inverno bastante frio e seco, um verão quente e seco e uma monção quente e moderadamente húmida. A estação das chuvas começa na primeira quinzena de junho e termina em setembro, com uma precipitação média de 1093 mm (média dos últimos 10 anos). julho e agosto são os meses de precipitação intensa. O fracasso parcial da monção uma vez em cada três ou quatro anos é uma ocorrência comum nesta região. O inverno começa no mês de dezembro e prolonga-se até ao mês de fevereiro. A estação do verão começa na segunda quinzena de fevereiro e termina em meados de junho. abril e maio são os meses mais quentes do verão.

Os dados meteorológicos semanais relativos ao período do presente inquérito registados no Observatório Meteorológico, Universidade Agrícola de Junagadh, Junagadh, são apresentados no Quadro 3.1 e representados graficamente na Fig. 3.1.

A partir dos dados meteorológicos (Quadro 3.1), é evidente que os parâmetros meteorológicos como a temperatura, a humidade relativa, as horas de sol, a velocidade do vento e a evaporação foram mais ou menos favoráveis ao crescimento e desenvolvimento da soja durante o verão de 2021. A temperatura média máxima e mínima

Tabela 3.1: Dados meteorológicos semanais médios durante o verão de 2021

Std. Semana n.	Temperatura (°C)		Humidade relativa (%)		Sol brilhante (h dia $)^{-1}$	Velocidade do vento (km h $)^{-1}$	Evaporação (mm dia $)^{-1}$
	Máximo.	Min.	Manhã.	Eva.			
fevereiro de 2021							
6	28.9	12.4	70	30	9.1	4.4	5.1
7	33.8	17.3	72	30	6.9	3.2	5.0
8	33.3	15.0	74	27	9.1	3.6	5.1
9	34.3	17.3	77	24	9.1	3.6	5.8
março de 2021							
10	31.6	16.9	76	29	9.6	5.3	5.6
11	33.0	16.9	48	17	10.0	4.5	7.1
12	36.5	20.8	72	30	9.4	5.2	7.5
13	35.5	21.0	71	27	7.3	6.5	7.6
abril de 2021							
14	39.0	22.1	74	19	10.0	4.9	8.8

15	41.1	24.9	53	17	9.3	5.6	9.9
16	40.9	25.8	59	24	9.2	5.5	10.2
17	40.2	24.7	79	25	9.9	6.7	10.1
18	41.6	25.6	76	27	10.3	6.4	10.2
maio-2021							
19	41.1	26.0	84	28	9.8	7.5	10.1
20	42.0	26.3	78	26	9.4	6.8	10.1
21	42.4	26.8	86	31	9.6	7.1	11.1
22	39.2	27.7	79	39	7.5	10.2	9.6
junho de 2021							
23	36.9	25.6	86	56	4.4	8.2	6.0
24	34.3	26.2	87	69	3.1	3.6	3.4
25	34.3	26.6	87	77	4.6	7.7	4.6
26	34.7	26.7	84	70	3.9	5.8	4.7

durante o período de crescimento e desenvolvimento da cultura variou de 28,9 a 42,4 e de 12,4 a $27,7^0$ C, respetivamente. Durante o período de cultivo, a humidade relativa do ar situou-se na gama.

Durante o período de cultivo, a humidade relativa situou-se entre 17 e 87%. As horas de sol brilhante, a velocidade do vento e a evaporação diária foram de 3,1 a 10,3 horas por dia, 3,2 a 10,2 km/h e 3,4 a 11,1 mm/dia, respetivamente.

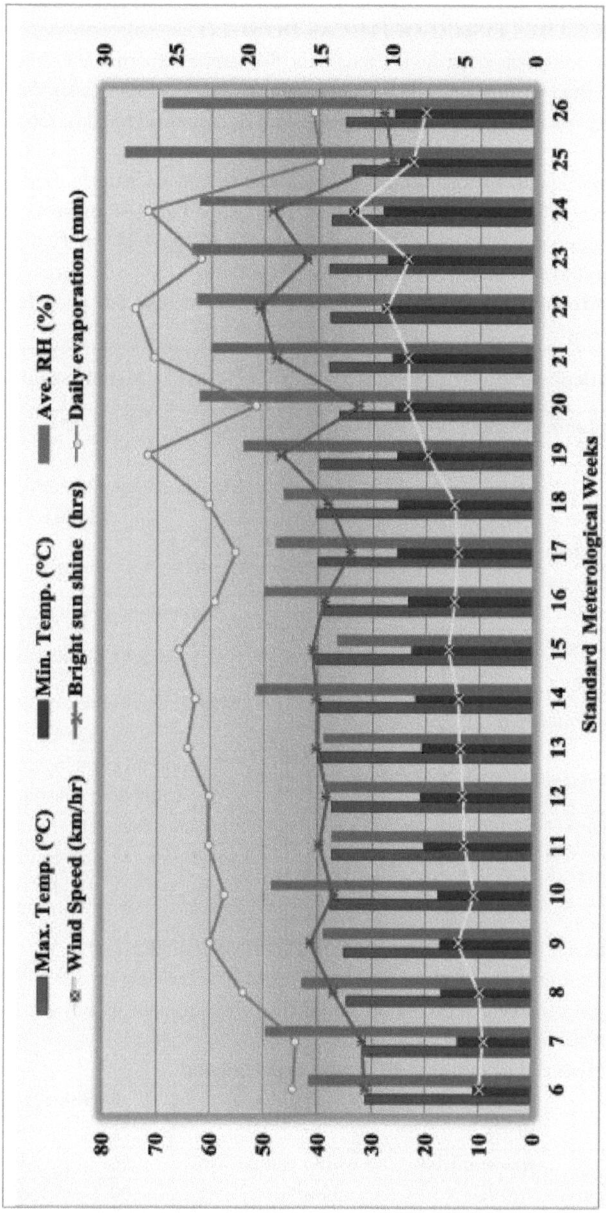

Fig. 3.1 Dados meteorológicos registados durante a época de colheita da cultura de verão

3.3 PROPRIEDADES FÍSICO-QUÍMICAS DO SOLO

Uma amostra composta de solo foi recolhida do campo experimental antes do início da experiência, a uma profundidade de 0-15 cm, para registar as propriedades físico-químicas do solo. Os valores da análise do solo, juntamente com os métodos seguidos, são apresentados na Tabela 3.2.

Os dados apresentados no quadro 3.2 indicam que o solo da parcela experimental era de textura argilosa e ligeiramente alcalino, com pH 7,85 e CE 0,45 ds/m. O solo do campo experimental era pobre em azoto disponível, médio em fósforo e elevado em potássio. De um modo geral, o solo era moderado para o cultivo de culturas.

Quadro 3.2 Métodos normalizados utilizados para a análise das propriedades físicas e químicas do solo

Particular	Valor a 0-30 cm de profundidade	Método seguido
A. Composição mecânica		
1. Areia	22.56	Método da pipeta internacional (Piper, 1950)
2. Silte %	14.67	
3. Argila %	63.19	
4. Classe de textura	Argila	
B. Composição química		
1. pH do solo (1:2.5)	7.9	Medidor de pH (Richards, 1954);
2. Condutividade eléctrica (ds/m) a 25 oc (1:2.5)	0.33	Medidor CE (Jackson, 1974)
3. Carbono orgânico (%)	0.56	Método de Walkley e Black (Jackson, 1974)
4. N disponível (kg/ha)	280.7	Método do permanganato alcalino (Subbaiah e Asija, 1956)
5. P2O5 disponível (kg/ha)	32.1	Método de Olsen (Olsen *et al.*, 1954)
6. K2O disponível (kg/ha)	279.6	Método fotométrico de chama (Jackson, 1974)

3.4 HISTORIAL DAS CULTURAS NO SÍTIO EXPERIMENTAL

O historial de culturas da parcela experimental no. C-8 da Fazenda de Instrução, Faculdade de Agricultura, Universidade Agrícola de Junagadh, Junagadh para os três anos anteriores está resumido na Tabela 3.3.

Quadro 3.3 Historial de culturas do campo experimental

Ano	Época	Cultura	Fertilização (kg / ha)		
			N	P2O5	K2O
2017-18	*Quaresma*	Milho painço	50	40	37.5
	Rabi	Sourhum	50	25	25
	verão	Pousio	-	-	-
2018-19	*Quaresma*	Soja	30	30	0
	Rabi	Trigo	120	60	0
	verão	Pousio	-	-	-
2019-20	*Quaresma*	Brinjal	50	50	50

	Rabi	Grão-de-bico	30	60	0
	verão	Grama preta	20	40	20
2020-21	*Quaresma*	Amendoim	12.5	25	0
	Rabi	Trigo	120	60	0
	verão	Experiência atual			

3.5 PORMENORES EXPERIMENTAIS:

3.5.1 Conceção e configuração

O experimento foi feito em um esquema de parcelas divididas com três repetições. O esquema é apresentado na Fig. 3.2 e no Quadro 3.4, enquanto os pormenores dos tratamentos são apresentados a seguir.

3.5.2 Pormenores dos tratamentos:

Os tratamentos e os seus símbolos utilizados nas experiências são apresentados no quadro 3.5.

3.5.3 Combinações de tratamento

Havia 12 combinações de tratamentos, compostas por três calendários de irrigação e quatro níveis de fertilizantes. Os pormenores das combinações de tratamento com os seus símbolos são apresentados no Quadro 3.6.

Quadro 3.4 Pormenores da disposição

1	**Conceção**	Conceção de parcelas divididas
2	**Replicação**	3 (Três)
3	**Tratamentos da parcela principal**	3 (Três)
4	**Tratamentos das subparcelas**	4 (Quatro)
5	**Combinações de tratamento**	3 x 4 = 12 (Doze)
6	**Número total de parcelas**	12 x 3 = 36 (Trinta e seis)
7	**Dimensão bruta da parcela**	5,0 m x 3,6 m
8	**Dimensão líquida da parcela**	4,0 m x 2,4 m
9	**Distância entre filas**	45 cm
10	**Distância planta a planta**	10 cm
11	**Canal de irrigação**	1 m

Quadro 3.5 Pormenores dos tratamentos com os seus símbolos

Tratamento	Símbolos
(A). Tratamento da parcela principal	
Calendário de irrigação: (I)	
0,6 IW/CPE	I1
0,8 IW/CPE	I2
1,0 IW/CPE	I3
(B). Tratamento das subparcelas	
Nível de fecundidade: (F)	
40-80-0 NPK / ha	F1
30-60-0 NPK/ ha	F2
25-50-0 NPK / ha	F3
20-40-0NPK / ha	F4

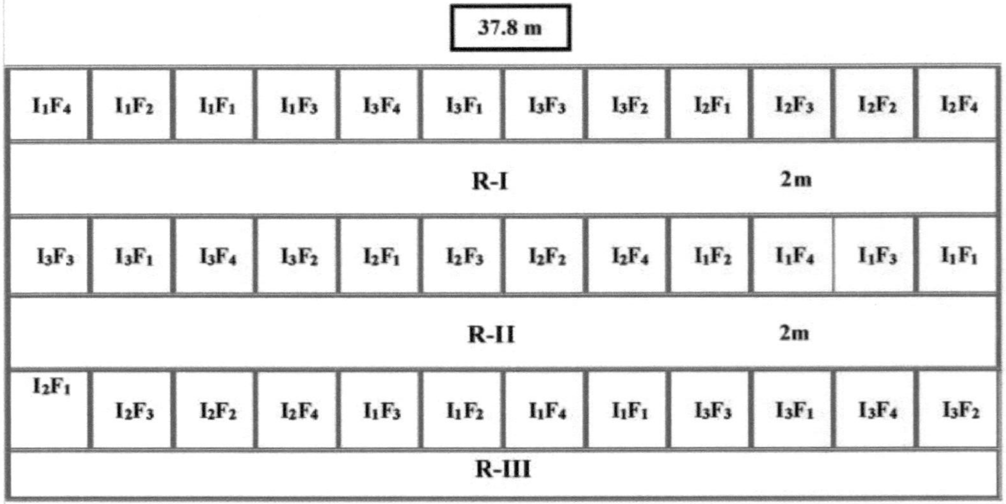

Design : **SPD** **Gross plot size** : **5.0 m x 3.6 m**

Replication : **Three (3)** **Net plot size** : **4.0 m x 1.8 m**

Fig.3.2 Layout plan of the experiment

Quadro 3.6 Combinações de tratamento

T1	I1F1 =	0,6 IW/CPE +	40-80-0 NPK kg / ha
T2	I1F2 =	0,6 IW/CPE +	30-60-0 NPK kg / ha
T3	I1F3 =	0,6 IW/CPE +	25-50-0 NPK kg / ha
T4	I1F4 =	0,6 IW/CPE +	20-40-0 NPK kg / ha
T5	I2F1 =	0,8 IW/CPE +	40-80-0 NPK kg / ha
T6	I2F2 =	0,8 IW/CPE +	30-60-0 NPK kg / ha
T7	I2F3 =	0,8 IW/CPE +	25-50-0 NPK kg / ha
T8	I2F4 =	0,8 IW/CPE +	20-40-0 NPK kg / ha
T9	I3F1 =	1.0 IW/CPE +	40-80-0 NPK kg / ha
T10	I3F2 =	1.0 IW/CPE +	30-60-0 NPK kg / ha
T11	I3F3 =	1.0 IW/CPE +	25-50-0 NPK kg / ha
T12	I3F4 =	1.0 IW/CPE +	20-40-0 NPK kg / ha

3.7 CARACTERÍSTICAS SALIENTES DA VARIEDADE

A variedade de soja Gujarat Junagadh Soybean-3 (GJS-3) foi selecionada para o estudo. Trata-se de uma variedade de elevado rendimento desenvolvida na Agricultural Research Station, Junagadh Agricultural University, Amreli (Gujarat) e lançada em 2010-11. É uma variedade de tipo determinado com floração sequencial, grupo de maturidade médio, folhetos de tamanho largo e folha verde escura e larga. As caraterísticas comuns desta variedade são apresentadas no quadro 3.7.

Quadro 3.7 Caraterísticas importantes da variedade GJS-3

1	Nome da cultura	Soja
2	Nome botânico	[*Glycine max* (L.) Merr.]
3	Nome da variedade	Gujarat Junagadh Soja 3 (GJS 3)
4	Parentalidade com pormenores sobre a sua ascendência	Manutenção de linhas de germoplasma no ARS, JAU, Amreli
5	Parentesco	GJS-3-KB85 x IC-587749
6	Método de criação	Introdução da planta
7	Ano de lançamento	2010-11
8	Grupo de maturidade	101-110 dias
9	Práticas Agronómicas	Distância de sementeira: 45 x 10 cm. Taxa de sementeira: 60 kg/ha. Fertilizante: N: P: K 30:30:00 kg/ha.
10	Regiões/áreas de adoção recomendadas	Áreas de cultivo de soja em condições de sequeiro na região de Saurashtra.
11	**Caraterísticas/Distinções morfológicas em resumo:**	
	Tipo de haste	Determinado
	Forma do folheto	Ampla
	Cor e forma da folha	Verde escuro e largo
	Número de folhetos	Três
	Sementes por vagem	Três
	Cor da semente	Castanho amarelado

	Cor do Corolla	Púrpura
	Cor da vagem madura	Amarelo
	Cor do revestimento das sementes	Castanho-amarelado
12	**Qualidade**	
	Teor de óleo (%)	19.15
	Teor de proteínas (%)	37.98
13	**Rendimento**	
	Rendimento potencial (kg/ha)	2412
	Rendimento médio (kg/ha)	1860

3.8 ACÇÕES CULTURAIS

O calendário das operações culturais efectuadas para o cultivo das culturas experimentais na parcela durante o período em estudo é apresentado nos Quadros 3.8 e 3.9 e outros pormenores do cultivo são descritos a seguir.

3.8.1 Preparação do terreno

O campo experimental foi cultivado por lavoura com um arado puxado por trator, seguido de gradagem e plantação para obter uma camada fina de terra. O campo foi demarcado de acordo com o plano de disposição com canais de irrigação. Após a obtenção de condições de campo adequadas, foram abertos sulcos paralelos com cerca de 5 cm de profundidade em cada parcela, a uma distância de 45 cm x 10 cm, em condições secas, mantendo o campo pronto para a sementeira.

3.8.2 Aplicação de fertilizantes

A parcela experimental foi fertilizada de acordo com os tratamentos com azoto, fósforo e potássio antes da sementeira. Toda a dose de nitrogénio, fósforo e potássio sob a forma de ureia e fosfato de di-amónio.

3.8.3 Espaçamento, taxa de sementes e sementeira

A variedade de soja GJS-3, obtida na Agricultural Research Station, Junagadh Agricultural University, Amreli, foi utilizada para sementeira com uma taxa de sementeira de 60 kg/ha em 25th fevereiro de 2021. As sementes foram colocadas a uma profundidade de 5 cm, mantendo um espaçamento entre linhas de 45 cm e ligeiramente cobertas com o solo.

3.8.4 Preenchimento de lacunas e desbaste

O enchimento das lacunas foi efectuado aos 10 DAS e a operação de desbaste foi realizada para facilitar uma população óptima de plantas, mantendo o espaçamento entre linhas de 10 cm.

3.8.5 Deservagem

Foram feitas tentativas para manter o campo experimental livre de ervas daninhas durante toda a época de cultivo. A gestão das ervas daninhas foi feita por monda manual aos 20 e 40 dias após a sementeira.

3.8.6 Medidas de proteção das plantas

Não foram observadas pragas e doenças graves durante o período de cultivo. No entanto, uma pulverização de imidaclopride 17,8% EC e chloropyrifos 20% EC foi feita para controlar pragas sugadoras como pulgões e jassídeos.

3.8.7 Irrigação

A cultura foi regada de acordo com o calendário de rega apresentado no quadro 3.10, com base nos dados diários de evaporação (quadro 3.9). Duas irrigações leves comuns foram aplicadas a todas as parcelas na primeira semana de semeadura para garantir 100% de germinação. Uma irrigação significa aplicar 15 cm de profundidade de água de irrigação em todas as fases de irrigação.

3.8.8 Colheita e debulha

A cultura foi colhida na maturidade em 1st junho de 2021 (98 DAS). As parcelas foram colhidas quando as vagens amadureceram e as folhas ficaram amarelas e começaram a cair. Na altura da colheita, as plantas apresentavam um aspeto acastanhado e seco. A linha circular foi colhida primeiro e mantida separadamente para evitar os efeitos de fronteira. Cada parcela da rede foi colhida separadamente. As plantas foram colhidas perto do solo manualmente com a ajuda de foices. O produto colhido foi seco ao sol na eira durante 4-5 dias. A debulha foi efectuada batendo os produtos secos ao sol com varas de bambu.

Quadro 3.8 Calendário das operações efectuadas durante o trabalho de investigação

N.º Sr.	Operações	Frequência	Data da ação
(A) Operações de pré-sementeira			
1.	Lavoura por trator	1	23-02-21
2.	Angustiante	1	24-02-21
3.	Planking	1	24-02-21
4.	Disposição do terreno e preparação da cama	1	25-02-21
5.	Abertura de sulcos	1	25-02-21
6.	Aplicação basal de fertilizantes	1	25-02-21
(B) Semeadura			
1.	Semeadura	1	25-02-21
(C) Operações pós-sementeira			
1.	Preenchimento de lacunas	1	08-03-21
2.	Desbaste	1	28-03-21
3.	Monda manual	2	14-03-21 & 5-04-21
4.	Irrigação	-	Conforme o tratamento
5.	Insecticidas e fungicidas	1	15-04-21
6.	Colheita	1	01-06-21
7.	Debulha	1	07-06-21

Quadro 3.9 Evaporação diária da panela (mm) medida durante o inquérito

Data	Fev.-2021		março- 2021		abril de 2021		maio de 2021		junho de 2021		julho-2021	
	PE	CPE	PE	CPE	PE	CPE	PE	CPE	PE	CPE	PE	CPE
1	-	-	7.0	32.7	8.8	283.3	8.2	534.7	9.7	794.9	4.4	990.2
2	-	-	7.4	40.1	8.1	291.4	8.2	542.9	8.9	803.8	6.5	996.7
3	-	-	7.9	48.0	9.5	300.9	9.6	552.5	8.3	812.1	-	-
4	-	-	8.0	56.0	8.5	309.4	9.2	561.7	8.0	820.1	-	-
5	-	-	7.5	63.5	8.9	318.3	6.2	567.9	7.8	827.9	-	-
6	-	-	8.5	72.0	8.0	326.3	8.2	576.1	8.4	836.3	-	-
7	-	-	7.6	79.6	8.3	334.6	10.1	586.2	5.1	841.4	-	-
8	-	-	7.6	87.2	8.5	343.1	9.6	595.8	6.4	847.8	-	-

9	-	-	7.0	94.2	9.2	352.3	8.4	604.2	7.5	855.3	-	-
10	-	-	7.0	101.2	9.4	361.7	8.2	612.4	8.4	863.7	-	-
11	-	-	7.8	109.0	8.3	370	9.1	621.5	8.2	871.9	-	-
12	-	-	6.7	115.7	9.2	389.2	9.8	631.3	9.2	881.1	-	-
13	-	-	6.7	122.4	10.6	389.8	9.9	641.2	8.9	890	-	-
14	-	-	7.2	129.6	8.9	398.7	9.2	650.4	10.3	900.3	-	-
15	-	-	7.4	137.0	9.2	407.9	9.1	659.5	8.8	909.1	-	-
16	-	-	7.6	144.6	8.1	416	6.8	666.3	8.7	917.8	-	-
17	-	-	9.2	153.8	7.9	423.9	10.7	677.0	6.8	924.6	-	-
18	-	-	9.3	163.1	6.9	430.8	5.5	682.5	5.6	930.2	-	-
19	-	-	8.5	171.6	8.2	439	5.1	687.6	4.5	934.7	-	-
20	-	-	7.3	178.9	7.4	446.4	4.0	691.6	2.6	937.3	-	-
21	-	-	8.1	187.0	7.3	453.7	8.2	699.8	4.6	941.9	-	-
22	-	-	8.7	195.7	7.7	461.4	7.7	707.5	6.4	948.3	-	-
23	-	-	7.2	202.9	8.6	470	7.6	715.1	6.1	954.4	-	-
24	-	-	7.6	210.5	6.7	476.7	8.4	723.5	5.4	959.8	-	-
25	6.7	6.7	9.9	220.4	5.9	482.6	9.5	733	5.9	965.7	-	-
26	6.4	13.1	9.6	230.0	8.4	491	9.1	742.1	5.9	971.6	-	-
27	6.1	19.2	9.3	239.3	9.9	500	9.3	751.4	6.0	977.6	-	-
28	6.5	25.7	9.9	249.2	8.7	508.7	8.4	759.8	6.0	983.6	-	-
29	-	-	9.2	258.4	8.4	517.1	7.9	767.7	3.1	986.7	-	-
30	-	-	8	266.4	9.4	526.3	8.9	776.6	3.1	989.8	-	-
31	-	-	8.1	274.5	-	-	8.6	785.2	-	-	-	-

Tabela-3.10 Detalhes dos diferentes tratamentos de irrigação

N.º de irrigação	0,6 IW/CPE	0,8 IW/CPE	1,0 IW/CPE
1	25/02/2021	25/02/2021	25/02/2021
2	2/03/2021	2/03/2021	2/03/2021
3	8/03/2021	10/03/2021	9/03/2021
4	15/03/2021	18/03/2021	15/03/2021
5	26/03/2021	26/03/2021	24/03/2021
6	7/04/2021	6/04/2021	2/04/2021
7	18/04/2021	15/04/2021	11/04/2021
8	29/04/2021	22/04/2021	16/04/2021
9	8/05/2021	29/04/2021	24/04/2021
10	15/05/2021	8/05/2021	2/05/2021
11		17/05/2021	7/05/2021
12		26/05/2020	13/05/2021
13			19/05/2021
14			25/05/2020

3.9 Observação biométrica

Para determinar o efeito dos tratamentos no crescimento e desenvolvimento da cultura da soja. Foram registadas as observações relativas aos parâmetros de crescimento, atributos de rendimento, rendimento e qualidade e outros aspectos da experiência da soja. Foram selecionadas aleatoriamente cinco plantas das áreas das parcelas líquidas de todas as parcelas. Estas plantas foram etiquetadas com rotações adequadas e utilizadas para registar observações biométricas. O procedimento pormenorizado adotado para registar as observações é apresentado a seguir.

Tabela-3.11 Parâmetros biométricos

S.N.	Parâmetros	Tamanho da amostra	Hora da observação
(A) Parâmetros de crescimento			
1.	População inicial e final de plantas	Parcela líquida	20 DAS e na colheita
2.	Altura da planta	5 plantas etiquetadas/parcela de rede	30, 60 DAS e na colheita
3.	Número de ramos por planta	5 plantas etiquetadas/parcela de rede	Na colheita
4.	Produção de matéria seca	5 plantas etiquetadas/parcela de rede	Na colheita
5.	Dias até ao vencimento	Parcela líquida	-
(B) Atributos de rendimento			
6.	Número de vagens por planta	5 plantas etiquetadas/parcela de rede	Na colheita
7.	Número de sementes por vagem	5 plantas etiquetadas/parcela de rede	Na colheita
8.	Comprimento da vagem (cm)	5 plantas etiquetadas/parcela de rede	Na colheita
9.	Peso de ensaio (g)	Peso de 100 sementes de cada parcela	Após a debulha
(C) Parâmetros de rendimento			
10.	Rendimento das sementes (kg/ha)	Parcela líquida	Após a colheita
11.	Rendimento do caule (kg/ha)	Parcela líquida	Após a colheita
12.	Índice de colheita (%)	-	Após a colheita
(D) Parâmetro de qualidade			
13.	Teor de proteínas e de óleo (%)	Amostra representativa de sementes de cada parcela da rede	Após a debulha
14.	Rendimento proteico e oleaginoso	Amostra	Após a debulha

	(kg/ha)	representativa de sementes de cada parcela da rede	
(E) Estudos químicos			
15.	Teor e absorção de nutrientes pela cultura	Amostra aleatória de cada parcela	Após a colheita

(F) Estudos de humidade

16.	Eficiência na utilização da água	Parcela bruta	Após a colheita
17.	Teor de humidade do solo	Parcela bruta	Antes e depois por rega
(D) Economia			
18.	Custo de cultivo (?/ha)	-	Após a colheita
19.	Rendimentos brutos (?/ha)	-	Após a colheita
20.	Rendimentos líquidos (?/ha)	-	Após a colheita
21.	Rácio B.C	-	Após a colheita

3.9.1 Parâmetros de crescimento

3.9.1.1 População inicial e final de plantas

A contagem inicial e final das plantas foi registada através da contagem de todas as plantas em cada parcela da rede aos 20 dias após a sementeira e na colheita da cultura, respetivamente.

3.9.1.2 Altura da planta

A altura de cinco plantas etiquetadas em cada parcela de rede foi medida desde o nível do solo até à ponta do botão apical do rebento principal aos 30, 60 DAS e na altura da colheita, sendo depois calculada a média.

3.9.1.3 Número de ramos por planta

O número de ramos por planta das cinco plantas marcadas foi contado na altura da colheita e depois calculou-se a média.

3.9.1.4 Produção de matéria seca

Foram colhidas amostras de plantas aquando da colheita para a análise da matéria seca. Em cada tratamento, cinco plantas foram retiradas ao acaso da linha de amostragem. Estas amostras foram secas ao sol e o peso seco em g por planta foi registado.

3.9.1.5 Dias até ao vencimento

O número de dias que decorreram até à maturidade fisiológica foi registado desde a data da sementeira até ao momento em que 80% das vagens atingiram a cor amarela.

3.9.2 Atributos de rendimento

3.9.2.1 Número de vagens por planta

O número médio de vagens desenvolvidas por planta foi calculado contando o número de vagens desenvolvidas de cinco plantas previamente selecionadas em cada parcela de rede e dividindo-o por cinco.

Placa no. 3.1 : Vista geral do sítio experimental

3.9.2.2 Número de sementes por vagem

Na colheita, foi registado o número de sementes de cinco vagens da planta observada. Em seguida, foi calculado o número médio de sementes/vagens.

3.9.2.3 Comprimento da vagem (cm)

Dez vagens selecionadas aleatoriamente de plantas marcadas foram utilizadas para contar o comprimento da vagem e o comprimento médio da vagem foi calculado para cada tratamento.

3.9.2.4 Peso de ensaio (g)

Foi retirada uma amostra composta de sementes da produção de sementes de cada parcela da rede, da qual foram contadas aleatoriamente 100 sementes e o seu peso registado independentemente para cada parcela em todas as repetições.

3.9.3 Parâmetro de rendimento

3.9.3.1 Rendimento das sementes (kg/ha)

Depois de debulhar o produto de cada parcela de rede, o grão foi seco ao sol durante cinco dias e, em seguida, o seu peso foi medido. Este peso foi posteriormente convertido numa base hectare.

3.9.3.2 Rendimento do caule (kg / ha)

Depois de retirado o grão das vagens, os caules e as vagens vazias foram secos ao sol. Após a secagem, foi registado o peso do feixe de palha por parcela de rede. O peso da palha por parcela líquida foi transferido para a base do hectare, utilizando o fator hectare.

3.9.3.3 Índice de colheita (%)

Em cada tratamento, a razão entre a produção de sementes e a produção total de matéria seca foi calculada e relatada como um índice de colheita em percentagem. Este índice foi calculado com a ajuda da seguinte fórmula. (Donald e Hambaling, 1976).

$$H.I.\% = \frac{\text{Economic yield (kg/ha)}}{\text{Biological yield (kg/ha)}} \times 100$$

$$\frac{\text{Rendimento económico (kg/ha)}}{\text{Rendimento biológico (kg/ha)}}$$

3.9.4 Parâmetro de qualidade

3.9.4.1 Teor de proteínas (%)

Foram obtidas amostras representativas de sementes de cada tratamento, que foram secas ao sol durante 24 horas à temperatura ambiente antes de serem moídas com um moinho mecânico. Foi utilizada a técnica de Micro Kjeldahl para determinar o teor de azoto nas sementes (Jackson. 1967). O teor de proteínas foi calculado multiplicando as concentrações de azoto por 6,25. (Bhuiya e Chowdhary. 1974).

Percentagem de proteína = 6,25 x N % na semente

3.9.4.2 Rendimento proteico (kg/ha)

O rendimento proteico em kg/ha foi calculado através da seguinte fórmula.

$$\text{Protein yield (kg/ ha)} = \frac{\text{Protein content (\%) x Grain yield (kg/ha)}}{100}$$

Teor de proteínas (%) x Rendimento de grãos (kg/ha)

Rendimento proteico (kg/ ha) =

100

3.9.4.3 Teor de óleo (%)

Foram colhidas amostras representativas de sementes na maturidade de cada parcela e secas em estufa durante 4 horas a 105°C. Foram colhidas cerca de 12 g de sementes para a análise do teor de óleo. O teor de óleo da amostra foi determinado por método não destrutivo, utilizando o espetrofotómetro de ressonância magnética nuclear contra uma amostra de referência padrão (analisador Oxford 4000 NMR), como sugerido por Tiwari *et al.* (1974).

3.9.4.4 Rendimento em óleo (kg/ha)

O rendimento em óleo por hectare foi calculado de acordo com a seguinte fórmula

$$\text{Oil yield (kg/ha)} = \frac{\text{Oil content (\%)}}{100} \times \text{Seed yield}$$

Teor de óleo (%)

Rendimento em óleo (kg/ha) =--x Rendimento em sementes

3.9.5 Estudos químicos

3.9.5.1 Teor e absorção de nutrientes pela cultura

3.12 Pormenores dos métodos de estimativa do teor de nutrientes na vagem e no caule

S.N.	Parâmetros	Método	Referências
1.	Teor de N na planta (semente + palha)	Método de Microkjeldahl	A.O.A.C. (1965)
2.	Teor de P na planta (semente + palha)	Método da coloração amarela do ácido fosfórico venedo-molibdénio	Jackson (1974)
3.	Teor de K na planta (semente + palha)	Método fotométrico de chama	Jackson (1974)

3.9.5.2 Teor e absorção de azoto pela planta (semente + palha)

A estimativa do teor de azoto na vagem foi determinada pelo método de Microkjeldahl, tal como descrito pela A.O.A.C. (1965). A absorção de azoto pela vagem foi calculada através da seguinte fórmula

$$\text{N uptake by plant (seed + stover) (kg/ha)} = \frac{\text{N content in plant (seed + stover) (\%) x plant (seed + stover) yield (kg/ha)}}{100}$$

Absorção de N pela planta
(semente + palha) (kg/ha)

Teor de N na planta (semente + caule) (%) x
rendimento da planta (semente + caule) (kg/ha)

100

3.9.5.3 Teor e absorção de fósforo pela planta (semente + palha)

O teor de fósforo foi determinado pelo método de coloração amarela do ácido fosfórico Venedo-molibdénio, tal como descrito por Jackson (1974). A absorção de fósforo pela vagem foi calculada através da seguinte fórmula

Teor de P na planta (semente + caule) (%) xplant

Absorção de P pela planta

(semente + palha) rendimento (kg/ha)

(semente + palha) (kg/ha) = __
100

3.9.5.4 Teor e absorção de potássio pela planta (semente + palha)

O teor de potássio foi determinado pelo método do fotómetro de chama, tal como descrito por Jackson (1974). A absorção de potássio pela vagem foi calculada através da fórmula abaixo.

$$\text{K uptake by plant (seed + stover) (kg/ha)} = \frac{\text{K content in plant (seed + stover) (\%) x plant (seed + stover) yield (kg/ha)}}{100}$$

Absorção de K pela planta (semente + palha) (kg/ha)

Teor de K na planta (semente + caule) (%) x
rendimento da planta (semente + caule) (kg/ha)

100

3.9.6 Estudos sobre a humidade do solo

3.9.6.1 Eficiência na utilização da água

O WUE foi calculado a partir do cálculo dos kg de rendimento de grãos produzidos por hectare mm de água consumida na ET pela cultura.

Eficiência do uso da água Rendimento de grãos (kg/ha)
(kg/ha-mm) Consumo total de água (mm)

3.9.6.2 Teor de humidade do solo

O teor de humidade do solo será determinado a diferentes profundidades, *nomeadamente* 0-15, 15-30 e 3045 cm, recolhendo amostras das respectivas profundidades com a ajuda de um parafuso sem-fim. Os pontos de amostragem situavam-se perto da linha durante as primeiras fases de crescimento da cultura. As amostras de solo por camadas foram recolhidas em caixas de humidade e levadas para o laboratório para registar o seu peso fresco. Em seguida, as amostras foram secas em estufa a 105^0 C ± 2^0 C até atingirem um peso constante.

$$P_W = \frac{(W_1 - W_2)}{W_2} \times 100$$

Onde,

Pw = Teor de humidade em percentagem em peso

W1 = Peso fresco da amostra de solo

W2 = Peso seco no forno da amostra de solo

3.9.7 Economia

3.9.7.1 Rendimentos brutos (?/ha)

O preço de venda da soja em grão e da palha de soja será tomado em consideração para o cálculo do rendimento bruto.

3.9.7..2 Rendimentos líquidos (?/ha)

Os rendimentos líquidos de cada tratamento serão calculados deduzindo o custo total do cultivo dos rendimentos brutos.

3.9.7.3 Custo de cultivo (?/ha)

As despesas a efetuar para todas as operações de cultivo, desde a lavoura preparatória até à colheita, incluindo o custo dos factores de produção, nomeadamente sementes, fertilizantes, herbicidas, etc., aplicados a cada tratamento e os preços de mercado em vigor.

3.9.7.4 Rácio benefício-custo

O rácio custo-benefício será calculado com a ajuda da seguinte fórmula.

B: Rácio C

$$\text{B: C ratio} = \frac{\text{Gross returns (₹/ha)}}{\text{Total cost of cultivation (₹/ ha)}}$$

$$\frac{\text{Rendimentos brutos (?/ha)}}{\text{Custo total do cultivo (?/ ha)}}$$

3.10 Análise estatística

O método normalizado de "Análise de variância" foi efectuado de acordo com o modelo de parcelas divididas (Panse e Sukhatme, 1967). O teste 'F' de significância foi utilizado para testar a hipótese nula e o erro padrão apropriado da média para cada efeito de tratamento foi calculado e, quando os efeitos do tratamento eram significativos, a diferença crítica a um nível de probabilidade de 5 por cento será calculada nos locais apropriados para testar a significância das diferenças de tratamento.

CAPÍTULO - IV

RESULTADOS EXPERIMENTAIS

O capítulo incorpora os resultados da presente investigação intitulada "**Efeito dos níveis de irrigação e fertilidade no crescimento, rendimento e qualidade da soja de verão**" realizada durante a temporada de verão de 2021 na Fazenda Instrucional, Departamento de Agronomia, Faculdade de Agricultura, Universidade Agrícola de Junagadh, Junagadh são apresentados neste capítulo juntamente com inferências estatísticas. Os dados relativos a vários parâmetros *viz.*, crescimento, rendimento e caracteres de atribuição de rendimento, qualidade, estudos de humidade, teor e absorção de nutrientes e estado dos nutrientes após a colheita da soja foram analisados estatisticamente para testar a significância dos resultados. Os resultados dos efeitos individuais para diferentes caracteres são apresentados em quadros relevantes, juntamente com inferências estatísticas e também ilustrados graficamente sempre que necessário. A análise de variância para diferentes caracteres é apresentada no apêndice I a XV com o nível de significância no final. Todos os resultados relativos aos efeitos principais e apenas as interações significativas são aqui descritos sob os seguintes títulos.

4.1 População de plantas
4.2 Parâmetros de crescimento
4.3 Rendimento e caracteres de atribuição do rendimento
4.4 Parâmetros de qualidade
4.5 Teor de nutrientes
4.6 Absorção de nutrientes
4.7 Estado dos nutrientes do solo após a colheita
4.8 Estudos de humidade do solo
4.9 Economia
4.10Estudos de correlação

4.1 POPULAÇÃO DE PLANTAS

Os dados relativos à população inicial e final de plantas por hectare e a percentagem da população teórica de plantas influenciada por diferentes tratamentos de irrigação e fertilizantes são apresentados na Tabela 4.1. A sua análise de variância é fornecida no Apêndice I.

Quadro 4.1 Efeito da irrigação e dos níveis de fertilizante na população inicial e final de plantas

Tratamento	População de plantas (número/ha)	
	Inicial (20 DAS)	Final (Colheita)
(A) Tratamento da parcela principal		
Programação da irrigação: (I)		
I1: 0,6 IW/CPE	161129	160785
I2: 0,8 IW/CPE	177191	174246
I3: 1,0 IW/CPE	184700	183380
S.Em.±	3601	4169
C.D. a 5 %	NS	NS
C.V. %	7.17	8.39
(B) Tratamento das subparcelas		
Níveis de fertilizantes: (F)		

Fi : 40-80-0 NPK kg/ha	178533	175124
F2: 30-60-0 NPK kg/ha	181586	180675
F3: 25-50-0 NPK kg/ha	170062	168095
F4 : 20-40-0 NPK kg/ha	165712	164651
S.Em.±	7124	4028
C.D. a 5 %	NS	NS
C.V. %	7.11	7.02
Interação (I x F)		
S.Em.±	7143	6977
C.D. a 5 %	NS	NS

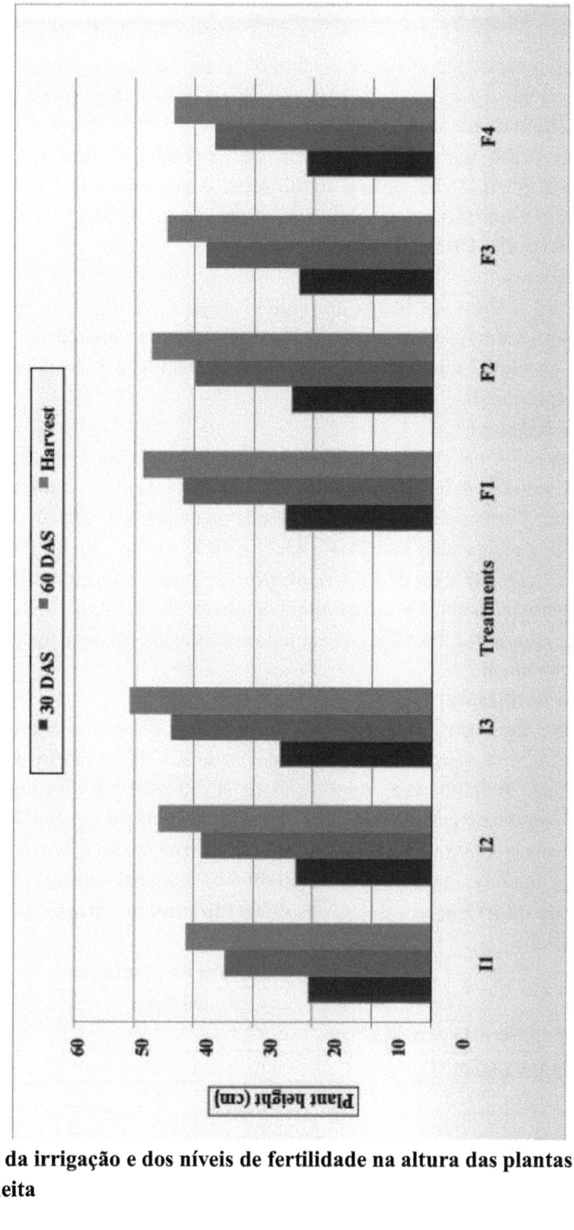

Fig. 4.1 Efeito da irrigação e dos níveis de fertilidade na altura das plantas aos 30, 60 DAS e na colheita

4.1.1 População inicial de plantas

Um exame dos dados (Tabela 4.1) revelou que os diferentes níveis de irrigação e fertilizantes não influenciaram a população inicial de plantas, o que indica que os tratamentos não tiveram qualquer influência adversa na germinação e emergência da cultura da soja.

4.1.2 População final de plantas

Uma análise dos dados (Quadro 4.1) revelou que a população final de plantas não foi influenciada pelos níveis de irrigação e fertilizantes, o que indica que os tratamentos não tiveram qualquer impacto adverso na sobrevivência das plantas de soja.

4.2 PARÂMETROS DE CRESCIMENTO

4.2.1 Altura da planta

Os dados relativos à altura da planta em vários estágios, *ou seja,* 30, 60 e na colheita, influenciados por vários tratamentos, juntamente com a inferência estatística, são apresentados na Tabela 4.2 e representados graficamente na Fig. 4.1. A análise de variância é apresentada no Apêndice-II.

4.2.1.1 Efeito da irrigação

Os dados apresentados na Tabela 4.2 indicam que os níveis de irrigação nas diferentes relações IW/CPE registaram um efeito significativo na altura da planta durante todo o período de vida da cultura. A aplicação de irrigação baseada na relação IW/CPE de 1.0 (I3) produziu significativamente a planta mais alta 25.47, 43.79 e 50.75 cm aos 30, 60 DAS e na colheita respetivamente. O rácio IW/CPE de 1.0 (I3), manteve-se a par com o rácio IW/CPE de 0.8 (I2) aos 30 DAS. Significativamente a menor altura de planta 20.52, 34.67 e 41.20 foi observada no tratamento de relação 0.6 IW/CPE (I1) em todos os estágios de crescimento 30, 60 DAS e na colheita respetivamente. .

4.2.1.2 Efeito do fertilizante

Uma investigação dos dados na Tabela 4.2 mostrou que diferentes níveis de fertilizante exerceram sua influência significativa na altura da planta aos 30, 60 DAS e na colheita. Entre os diferentes níveis de fertilizante, a aplicação de F1 (40-80-0 NPK kg/ha) resultou numa altura de planta significativamente mais alta 24,64, 41,82 e 48,59 cm aos 30, 60 DAS e na colheita, respetivamente, mas foi estatisticamente comparável com a aplicação de F2 (30-60-0 NPK kg/ha). Pelo contrário, o tratamento F4 (20-40-0 NPK kg/ha) registou a

Quadro 4.2 Efeito da irrigação e dos níveis de fertilizantes na altura das plantas aos 30, 60 DAS e na colheita

Tratamento	Altura da planta (cm)		
	30 DAS	60 DAS	Colheita
(A) Tratamento da parcela principal			
Programação da irrigação: (I)			
I1: 0,6 IW/CPE	20.52	34.67	41.20
I2: 0,8 IW/CPE	22.77	38.66	45.88
I3: 1,0 IW/CPE	25.47	43.79	50.75
S.Em.±	0.75	1.14	1.14
C.D. a 5 %	2.93	4.48	4.46
C.V. %	11.29	10.12	8.56
(B) Tratamento das subparcelas			
Níveis de fertilizantes: (F)			
F1 : 40-80-0 NPK kg/ha	24.64	41.82	48.59

F2 : 30-60-0 NPK kg/ha	23.59	39.79	47.16
F3 : 25-50-0 NPK kg/ha	22.32	37.98	44.59
F4 : 20-40-0 NPK kg/ha	21.12	36.58	43.43
S.Em.±	0.70	1.01	1.13
C.D. a 5 %	2.07	3.00	3.36
C.V. %	9.13	7.76	7.37
Interação (I x F)			
S.Em.±	1.21	1.75	1.96
C.D. a 5 %	NS	NS	NS

menor altura de planta 21,12, 36,58 e 43,43 cm aos 30, 60 DAS e na colheita, respetivamente.

4.2.1.3 Interação

A interação entre os diferentes níveis de rega e de fertilizante não exerceu influência significativa na altura das plantas aos 30, 60 DAS e na colheita.

4.2.2 N.º de ramos por planta

Os dados registados sobre o número de ramos por planta na colheita de soja, influenciados por diferentes níveis de irrigação e fertilizantes, foram apresentados no Quadro 4.3 e representados graficamente na Fig. 4.2 e a sua análise de variância é fornecida no Apêndice III.

4.2.2.1 Efeito da irrigação

Diferentes níveis de irrigação causam uma variação acentuada no número de ramos por planta na colheita. Entre os diferentes níveis de irrigação, o número de ramos por planta na colheita foi significativamente máximo (5,83) com 1,0 relação IW/CPE (I3), mas foi estatisticamente igual ao tratamento com 0,8 relação IW/CPE. Registou-se um número significativamente mínimo de ramos por planta (4,67) com 0,6 IW/CPE (I1).

4.2.2.2 Efeito do fertilizante

A análise estatística dos dados na Tabela 4.3 revelou que o tratamento F1 (40-80-0 NPK kg/ha) mostrou um número significativamente maior de ramos por planta (5,73) em comparação com o tratamento F2 (30-60-0 NPK kg/ha) (5,53). Além disso, os resultados indicaram que o número mínimo de ramos por planta foi registado para o tratamento F4 (20-40-0 NPK kg/ha) na colheita.

4.2.2.3 Interação

Nenhum dos efeitos de interação devido à irrigação e ao fertilizante foi considerado significativo no que diz respeito ao número de ramos por planta na soja em todas as fases de crescimento investigadas.

4.2.3 Dias até ao vencimento

Os dados relativos aos dias de maturação são apresentados no quadro 4.2 e a sua análise de variância é apresentada no apêndice III.

Um exame dos dados indicou que os diferentes níveis de irrigação e fertilizantes, bem como a sua interação, foram considerados inconsequentes no que diz respeito aos dias de maturação da soja.

Tabela 4.3 Efeito da irrigação e dos níveis de fertilizantes no número de ramos por planta, dias até a maturação e produção de matéria seca da soja

Tratamento	Número de ramos por	Dias até ao	Produção de

	planta	vencimento	matéria seca (g)
A) Tratamento da parcela principal			
Programação da irrigação: (I)			
I1: 0,6 IW/CPE	4.67	94.38	21.33
I2: 0,8 IW/CPE	5.28	95.04	24.89
I3: 1,0 IW/CPE	5.83	95.68	27.96
S.Em.±	0.18	2.23	0.78
C.D. a 5 %	0.72	NS	3.07
C.V. %	12.00	8.14	10.97
(B) Tratamento das subparcelas			
Níveis de fertilizantes: (F)			
Fi : 40-80-0 NPK kg/ha	5.73	94.83	26.50
F2 : 30-60-0 NPK kg/ha	5.53	95.22	25.97
F3 : 25-50-0 NPK kg/ha	5.08	93.36	24.35
F4 : 20-40-0 NPK kg/ha	4.81	94.72	23.08
S.Em.±	0.20	2.42	0.68
C.D. a 5 %	0.60	NS	2.01
C.V. %	11.50	7.65	8.20
Interação (I x F)			
S.Em.±	0.36	4.20	1.01
C.D. a 5 %	NS	NS	NS

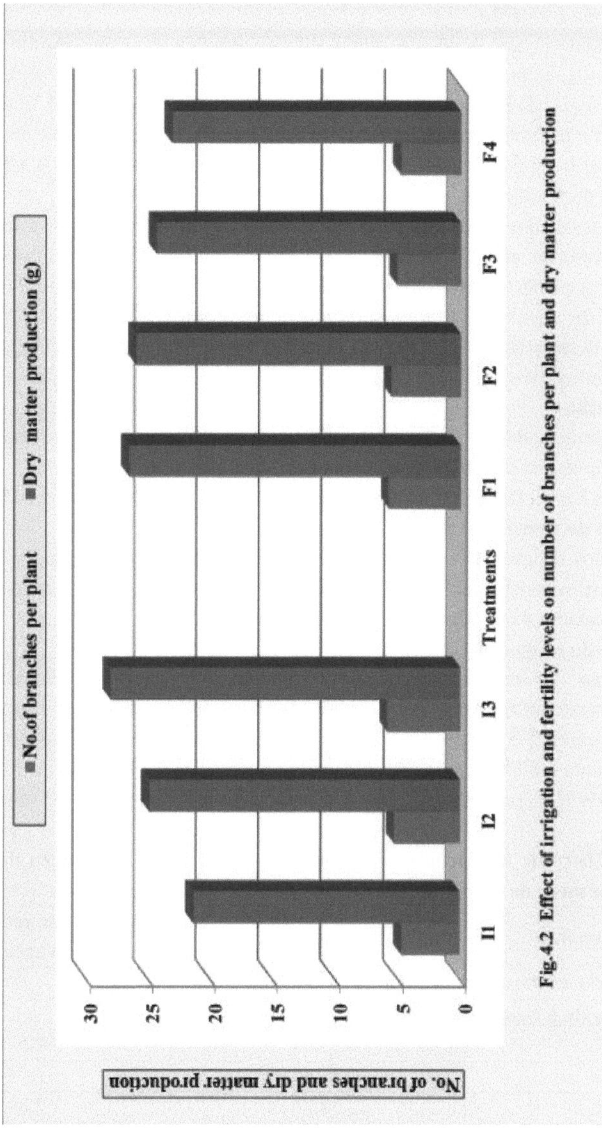

Fig.4.2 Effect of irrigation and fertility levels on number of branches per plant and dry matter production

Fig.4.2 Efeito da irrigação e dos níveis de fertilidade no número de ramos por planta e na produção de matéria seca

4.2.4.1 Efeito da irrigação

A média da matéria seca total por planta diferiu significativamente devido aos níveis de irrigação em todas as fases de crescimento da cultura. A acumulação máxima de matéria seca por planta foi registada (27,96 g) devido à aplicação de irrigação em I3 (1,0 relação IW/CPE), permanecendo a par com a aplicação de I2 (0,8 relação IW/CPE) e a menor matéria seca por planta (21,33 g) foi registada devido à aplicação de irrigação a 0,6 relação IW/CPE.

4.2.4.2 Efeito do fertilizante

O exame minucioso dos dados na Tabela 4.3 revelou que a matéria seca por planta na colheita foi significativamente afetada por diferentes níveis de fertilizante. A acumulação máxima de matéria seca por planta (26,50 g) foi registada no nível de fertilizante F1 (40-80-0 NPK kg/ha), que foi estatisticamente igual ao tratamento de fertilizante F2 (30-60-0 NPK kg/ha). O tratamento de fertilização F4 (20-40-0 NPK kg/ha) registou uma acumulação de matéria seca por planta significativamente mais baixa (23,08 g) do que os restantes tratamentos.

4.2.4.3 Interação

O efeito de interação devido à irrigação e aos níveis de fertilizante na acumulação de matéria seca por planta não foi significativo na colheita.

4.3 CARACTERES DE RENDIMENTO E DE ATRIBUIÇÃO DE RENDIMENTO

4.3.1 Número de vagens por planta

Uma leitura dos dados relativos ao número de vagens por planta em função dos níveis de irrigação e fertilizantes foi apresentada no Quadro 4.4 e representada graficamente na Fig. 4.3 e a análise estatística é narrada no Apêndice IV.

4.3.1.1 Efeito da irrigação

Uma avaliação dos dados revelou que o número de vagens por planta na soja foi significativamente influenciado pelos níveis de irrigação com base no rácio IW/CPE. A irrigação programada a 1,0 IW/CPE (I3) registou significativamente o número máximo de vagens por planta (38,81), seguida da irrigação programada a 0,8 IW/CPE (I2). A irrigação da cultura a 0,6 IW/CPE (I1) resultou significativamente no número mínimo de vagens por planta (33,27).

Tabela 4.4 Efeito da irrigação e dos níveis de fertilizantes no número de vagens por planta e no número de sementes por vagem

Tratamento	Número de vagens por planta	Número de sementes por vagem
A) Tratamento da parcela principal		
Programação da irrigação: (I)		
I1: 0,6 IW/CPE	33.27	2.57
I2: 0,8 IW/CPE	35.90	2.74
I3: 1,0 IW/CPE	38.81	2.89
S.Em.±	1.12	0.07
C.D. a 5 %	4.38	NS
C.V. %	10.46	9.50
(B) Tratamento das subparcelas		
Níveis de fertilizantes: (F)		
F1 : 40-80-0 NPK kg/ha	38.32	2.79
F2: 30-60-0 NPK kg/ha	39.61	2.81
F3: 25-50-0 NPK kg/ha	34.36	2.66

F4 : 20-40-0 NPK kg/ha	31.69	2.58
S.Em.±	1.15	0.08
C.D. a 5 %	3.43	NS
C.V. %	9.37	9.16
Interação (I x F)		
S.Em.±	2.00	0.15
C.D. a 5 %	5.94	NS

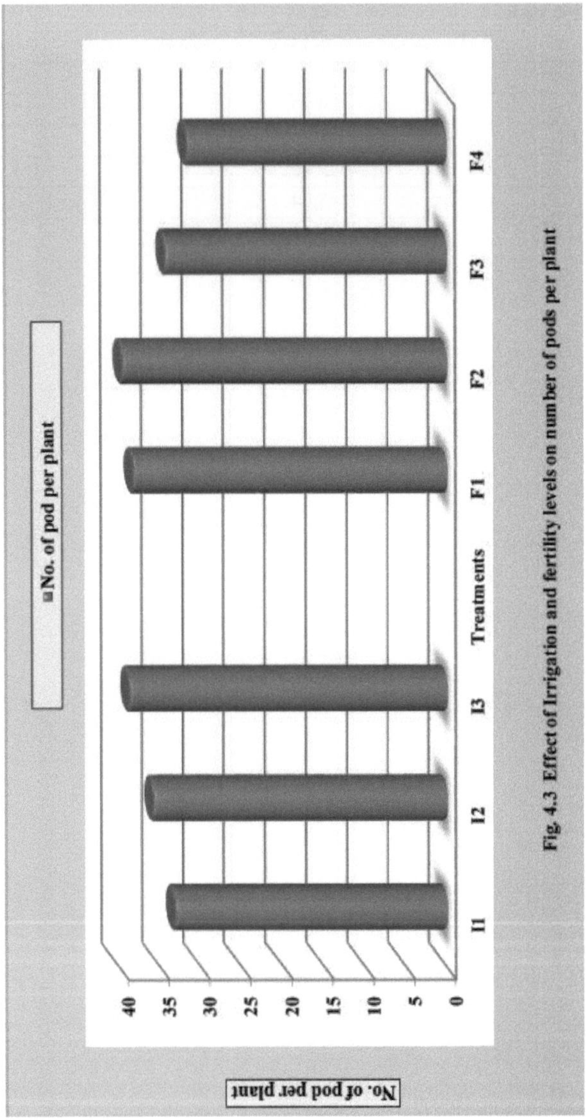

Fig. 4.3 Efeito da irrigação e dos níveis de fertilidade no número de vagens por planta

4.3.1.2 Efeito do fertilizante

Os diferentes níveis de fertilizante diferiram significativamente em relação ao número médio de vagens por planta. O nível de fertilizante F2 (30-60-0 NPK kg/ha) registou o número máximo de vagens por planta (39,61), que foi significativamente igual ao tratamento Fi (40-80-0 NPK kg/ha). O menor número de vagens por planta (31,69) foi registado com o nível de fertilizante F4 (20-40-0 NPK kg/ha).

4.3.1.3 Interação

O efeito de interação entre a irrigação e o fertilizante foi considerado significativo no número de vagens por planta. Pode ser visto a partir de dados tabulares (Tabela 4.4.1) o número máximo de vagens por planta (41,85) foi obtido com a combinação de tratamento I3F2 (1,0 IW/CPE e 30-60-0 NPK kg/ha) seguido por I2F2 (41,27), I3F1 (40,95), I2F1 (39,53) e I3F3 (39,35). O número mínimo de vagens por planta (30,93) foi observado com I1F4 (0,6 relação IW/CPE e 20-40-0 NPK kg/ha), que se mostrou estatisticamente inferior às demais combinações I x F.

Quadro 4.4.1 Efeito de interação dos níveis de irrigação e de fertilizante no número de vagens por planta

EFEITO DE INTERACÇÃO I x F					
	F1	F2	F3	F4	**Média**
I1	34.47	35.71	31.97	30.93	33.27
I2	39.53	41.27	31.75	31.03	35.90
I3	40.95	41.85	39.35	33.10	38.81
Média	38.32	39.61	34.36	31.69	
S.Em.±			2.00		
C.D. a 5 %			5.94		
C.V. %			9.37		

Tabela 4.5 Efeito da irrigação e dos níveis de fertilizante no comprimento da vagem e no índice de sementes

	Comprimento da cápsula (cm)	**Índice de sementes**
A) Tratamento da parcela principal		
Programação da irrigação: (I)		
I1: 0,6 IW/CPE	3.25	8.56
I2: 0,8 IW/CPE	3.32	8.95
I3: 1,0 IW/CPE	3.50	9.39
S.Em.±	0.08	0.19
C.D. a 5 %	NS	NS
C.V. %	10.00	7.15
(B) Tratamento das subparcelas		
Níveis de fertilizantes: (F)		
Fi : 40-80-0 NPK kg/ha	3.48	8.43
F2 : 30-60-0 NPK kg/ha	3.58	9.27
F3 : 25-50-0 NPK kg/ha	3.35	9.11
F4 : 20-40-0 NPK kg/ha	3.30	9.06
S.Em.±	0.09	0.21
C.D. a 5 %	NS	NS

C.V. %	9.31	6.93
Interação (I x F)		
S.Em.±	0.18	0.36
C.D. a 5 %	NS	NS

4.3.2 Número de sementes por vagem

Os dados relativos ao número de sementes por vagem são apresentados no quadro 4.4 e a sua análise de variância é apresentada no apêndice IV.

Um exame dos dados indicou que diferentes níveis de irrigação e fertilizantes, bem como a sua interação, foram considerados consequentes no que diz respeito ao número de sementes por vagem de soja.

4.3.3 Comprimento do casulo

Os dados relativos ao número de sementes por vagem são apresentados no quadro 4.5 e a sua análise de variância é apresentada no apêndice IV.

Um exame dos dados indicou que diferentes níveis de irrigação e fertilizantes, bem como a sua interação, foram considerados consequentes no que diz respeito ao comprimento das vagens da soja.

4.3.4 Índice de sementes (peso de 100 sementes)

Os dados relativos ao peso de ensaio são apresentados no quadro 4.5 e a respectiva análise de variância é apresentada no apêndice IV.

Um exame dos dados indicou que os diferentes níveis de irrigação e fertilizantes, bem como a sua interação, foram considerados inconsequentes no que diz respeito ao peso de teste da soja.

4.3.5 Rendimento das sementes (kg/ha)

Uma investigação dos dados apresentados na Tabela 4.6 estipulou que o rendimento de sementes de soja foi significativamente influenciado por diferentes níveis de irrigação e fertilizante. Os dados médios são esboçados graficamente na Fig. 4.4 e sua análise de variância é dada no Apêndice-V.

4.3.5.1 Efeito da irrigação

Uma avaliação dos dados apresentados na Tabela 4.6 indicou que as variações no rendimento de sementes de soja devido a diferentes níveis de irrigação foram consideradas significativas. A aplicação de irrigação com base na relação IW/CPE de 1,0 (I3) resultou significativamente no maior (1764 kg/ha) rendimento de sementes de soja de verão, superior ao resto dos tratamentos. O rendimento mais baixo (1240 kg/ha) foi observado no tratamento com rácio de 0,6 IW/CPE (I1).

Tabela 4.5 Efeito da irrigação e dos níveis de fertilizante no comprimento da vagem e no índice de sementes

Tratamento	Rendimento das sementes (kg/ha)	Rendimento do caule (kg/ha)	Índice de colheita
(A) Tratamento da parcela principal			
Programação da irrigação: (I)			
I1: 0,6 IW/CPE	1240	1780	41.05
I2: 0,8 IW/CPE	1569	2058	43.25
I3: 1,0 IW/CPE	1764	2274	43.68
S.Em.±	47	61	1.41
C.D. a 5 %	184	241	NS
C.V. %	12.39	13.36	10.44

(B) Tratamento das subparcelas			
Níveis de fertilizantes: (F)			
Fi : 40-80-0 NPK kg/ha	1658	2184	43.03
F2 : 30-60-0 NPK kg/ha	1719	2055	44.98
F3: 25-50-0 NPK kg/ha	1399	1992	43.60
F4 : 20-40-0 NPK kg/ha	1321	1917	42.65
S.Em.±	46	57	1.11
C.D. a 5 %	137	172	NS
C.V. %	11.42	12.47	9.87
Interação (I x F)			
S.Em.±	77	147	1.60
C.D. a 5 %	226	NS	NS

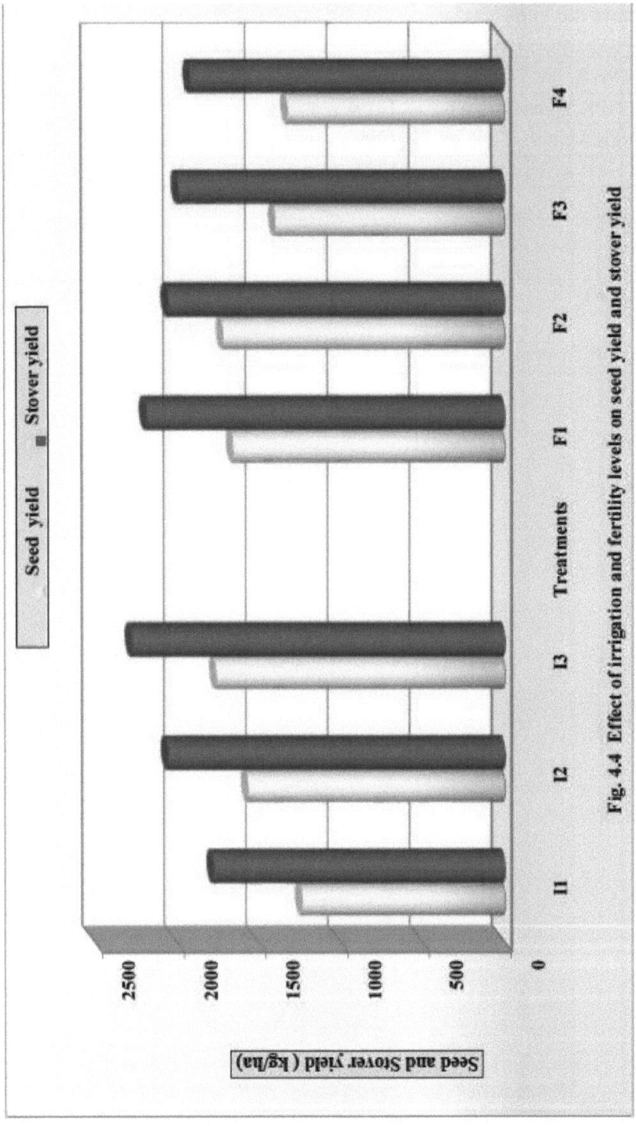

Fig. 4.4 Effect of irrigation and fertility levels on seed yield and stover yield

Fig. 4.4 Efeito da irrigação e dos níveis de fertilidade na produção de sementes e de palha

4.3.5.2 Efeito do fertilizante

Um exame minucioso dos dados permitiu concluir que vários níveis de fertilizante provocaram variações significativas no rendimento de sementes da soja. A aplicação de F2 (30-60-0 NPK kg/ha) à cultura da soja assegurou a primeira posição, produzindo significativamente o maior rendimento de sementes de soja (1719 kg/ha), a seguir a F1 (40-80-0 NPK kg/ha). O menor rendimento de sementes (1321 kg/ha) foi observado no tratamento F4 (20-40-0 NPK kg/ha).

4.3.5.3 Interação

Entre as interações possíveis em relação à produtividade de sementes de soja por hectare, o efeito de interação I x F (níveis de irrigação x fertilizantes) foi significativo, o que foi apresentado na Tabela 4.6.1. A combinação de tratamento I3F2 (1.0 relação IW/CPE e 30-60-0 NPK kg/ha) registou significativamente o maior rendimento de sementes (1484 kg/ha), seguido pela combinação de tratamento I3F1 (1855 kg/ha), I2F2 (1853 kg/ha) e I2F1 (1777 kg/ha). Por outro lado, a combinação de tratamento I1F4 (0.6 IW/CPE ratio e 20-40-0 NPK kg/ha) produziu significativamente a menor produção de sementes de soja (1100 kg/ha).

Quadro 4.6.1 Efeito de interação dos níveis de irrigação e de fertilizantes na produção de sementes de soja

	EFEITO DE INTERACÇÃO				
	I x F				
	F1	F2	F3	F4	Média
I1	1343	1340	1176	1100	1240
I2	1777	1853	1362	1283	1569
I3	1855	1964	1659	1579	1764
Média	1658	1719	1399	1321	
S.Em.±			77		
C.D. a 5 %			226		
C.V. %			9.24		

4.3.6 Rendimento do caule (kg/ha)

O rendimento da palha é o resultado final do crescimento e desenvolvimento da cultura. Os dados relativos ao rendimento do caule da soja, influenciados significativamente por diferentes níveis de irrigação e fertilizante, foram apresentados no Quadro 4.6 e ilustrados graficamente na Fig. 4.4 e a sua análise de variância é apresentada no Apêndice V.

4.3.6.1 Efeito da irrigação

Um exame crítico dos dados indicou que os diferentes níveis de irrigação influenciaram significativamente o rendimento de palha da soja. Significativamente, o maior rendimento de palha (2274 kg/ha) foi observado com 1,0 relação IW/CPE (I3) seguido por 0,8 relação IW/CPE (I2). O rendimento de palha mais baixo foi produzido com o tratamento de rácio 0,6 IW/CPE (1780 kg/ha).

4.3.6.2 Efeito do fertilizante

Os dados apresentados na Tabela 4.6 mostram que a aplicação de F1 (40-80-0 NPK kg/ha) à cultura da soja garantiu a primeira posição, produzindo significativamente o maior rendimento de palha (2184 kg/ha) em comparação com os níveis de F2 (30-60-0 NPK kg/ha). O menor rendimento de sementes (1917 kg/ha) foi observado no tratamento F4 (20-40-0 NPK kg/ha).

4.3.6.3 Interação

A semelhança dos dados afirma que a interação entre os diferentes níveis de irrigação e de fertilizantes não teve um efeito significativo no rendimento da soja.

4.3.7 Índice de colheita

Os dados relativos ao índice de colheita da soja são fornecidos no Quadro 4.6 e a sua análise de variância é apresentada no Apêndice V. Um exame dos dados revelou que os diferentes níveis de irrigação e fertilizante, bem como a sua interação, foram considerados estatisticamente irrelevantes no que diz respeito ao índice de colheita da soja.

Tabela 4.7 Efeito da irrigação e dos níveis de fertilizante no teor de óleo (%) e no rendimento de óleo (kg/ha)

Tratamento	Teor de óleo (%)	Rendimento em óleo (kg/ha)
(A) Tratamento da parcela principal		
Programação da irrigação: (I)		
I1: 0,6 IW/CPE	17.48	183
I2: 0,8 IW/CPE	18.23	221
I3: 1,0 IW/CPE	18.60	255
S.Em.±	0.37	8.88
C.D. a 5 %	NS	35
C.V. %	6.89	13.66
(B) Tratamento das subparcelas		
Níveis de fertilizantes: (F)		
Fi : 40-80-0 NPK kg/ha	18.69	256
F2 : 30-60-0 NPK kg/ha	18.48	233
F3: 25-50-0 Nk8PK kg/ha	18.02	210
F4 : 20-40-0 NPK kg/ha	17.57	197
S.Em.±	0.38	8.13
C.D. a 5 %	NS	24
C.V. %	6.25	10.83
Interação (I x F)		
S.Em.±	0.67	14.08
C.D. a 5 %	NS	NS

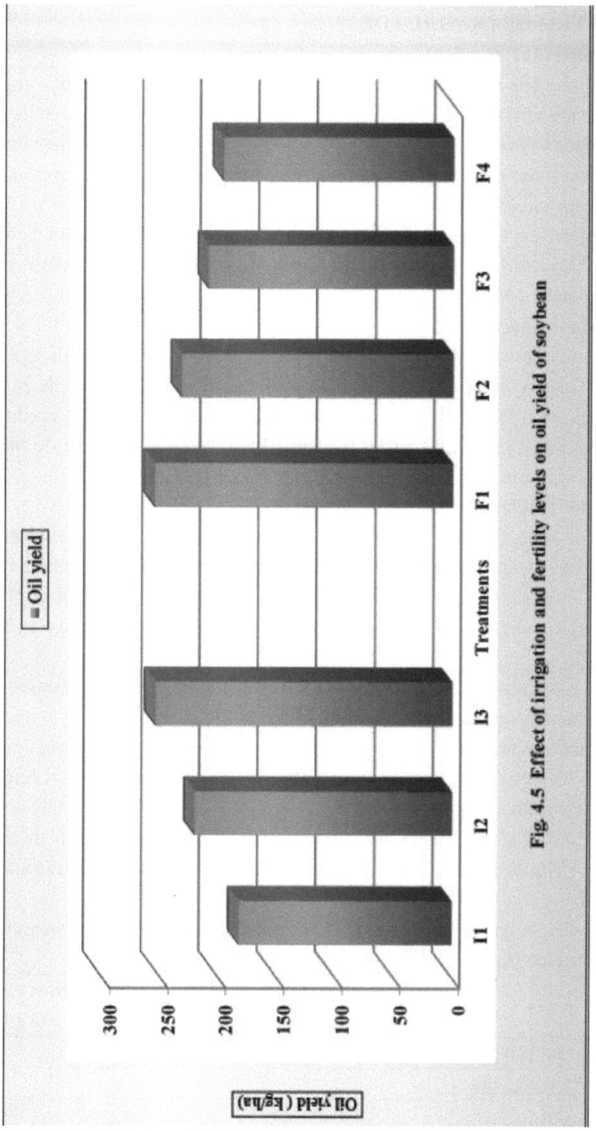

Fig. 4.5 Efeito da irrigação e dos níveis de fertilidade no rendimento de óleo da soja

4.4 PARÂMETRO DE QUALIDADE

4.4.1 Teor de óleo (%)

Os dados experimentais analisados estatisticamente sobre o teor de óleo nos grãos de soja são apresentados no Quadro 4.7 e a sua análise de variância é fornecida no Apêndice-VI.

A análise dos dados mostrou que os diferentes níveis de irrigação e fertilizantes, bem como a sua interação, não tiveram um efeito significativo no teor de óleo da soja após a colheita.

4.4.2 Rendimento em óleo (kg/ha)

Os dados relativos ao rendimento do óleo como afetado pela irrigação e fertilizante são fornecidos no Quadro 4.7 e ilustrados graficamente na Fig. 4.5. A análise de variância é fornecida no Apêndice-VI.

4.4.2.1 Efeito da irrigação

Uma análise crítica dos dados indicou que o rendimento do óleo de soja foi significativamente afetado devido aos níveis de irrigação baseados na relação IW/CPE. A programação da irrigação na razão 1.0 IW/CPE (I3) produziu significativamente o maior rendimento de óleo (255 kg/ha) que foi seguido pela razão 0.8 IW/CPE (I2). O rendimento de óleo mais baixo (183 kg/ha) foi registado com o tratamento de 0,6 IW/CPE (I1).

4.4.2.2 Efeito do fertilizante

O rendimento de óleo da soja também foi influenciado significativamente pelos níveis de fertilizante. A aplicação de F1 (40-80-0 NPK kg/ha) registou significativamente o maior rendimento de óleo (256 kg/ha), comparável à aplicação de F2 (30-60-0 NPK kg/ha). O rendimento de óleo mais baixo (197 kg/ha) foi registado com o tratamento F4 (20-40-0 NPK).

4.4.2.3 Interação

Os dados sobre o rendimento do óleo de soja influenciado pelo efeito interativo da irrigação e do fertilizante são apresentados no Quadro 4.7.

4.4.3 Teor de proteínas (%)

Os dados relativos ao teor de proteínas são apresentados no quadro 4.8 e a respectiva análise de variância é fornecida no apêndice VI.

Uma inspeção dos dados (Tabela 4.8) divulgou que os diferentes níveis de irrigação e fertilizante, bem como a sua interação, foram considerados não significativos no conteúdo proteico da soja.

Quadro 4.8 Efeito da irrigação e dos níveis de fertilizantes no teor de proteínas (%) e no rendimento proteico (kg/ha)

Tratamento	Teor de proteínas (%)	Rendimento proteico (kg/ha)
(A) Tratamento da parcela principal		
Programação da irrigação: (I)		
I1: 0,6 IW/CPE	35.28	370
I2: 0,8 IW/CPE	37.00	448
I3: 1,0 IW/CPE	37.70	519
S.Em.±	0.59	19.27
C.D. a 5 %	NS	NS
C.V. %	5.53	14.15
(B) Tratamento das subparcelas		
Níveis de fertilizantes: (F)		
F1 : 40-80-0 NPK kg/ha	36.53	403

F2: 30-60-0 NPK kg/ha	37.53	493
F3: 25-50-0 NPK kg/ha	36.86	456
F4 : 20-40-0 NPK kg/ha	35.72	426
S.Em.±	0.60	14.03
C.D. a 5 %	NS	NS
C.V. %	4.91	12.75
Interação (I x F)		
S.Em.±	1.04	24.30
C.D. a 5 %	NS	NS

4.4.4 Rendimento proteico (kg/ha)

Os dados relativos ao rendimento proteico são apresentados no Quadro 4.8 e a sua análise de variância é apresentada no Apêndice-VI.

Um exame dos dados indicou que diferentes níveis de irrigação e fertilizantes, bem como a sua interação, foram considerados inconsequentes no que diz respeito ao rendimento proteico da soja.

4.5 TEOR DE NUTRIENTES

4.5.1 Teor de azoto (%) nas sementes

Os dados sobre o efeito dos níveis de irrigação e fertilizante no conteúdo de nitrogênio na semente são apresentados na Tabela 4.9. A sua análise de variância é apresentada no Apêndice-VII.

Os dados sobre diferentes níveis de irrigação e fertilizantes, bem como o seu efeito de interação para o teor de azoto nas sementes, apresentaram resultados inconsequentes.

4.5.2 Teor de fósforo (%) nas sementes

Os dados médios sobre o teor de fósforo na semente influenciado por diferentes níveis de irrigação e fertilizante são apresentados na Tabela 4.9 e sua análise de variância é apresentada no Apêndice-VII.

4.5.2.1 Efeito da irrigação

Os dados fornecidos na Tabela 4.9 sugerem que o conteúdo de fósforo na semente foi significativamente influenciado pelos níveis de irrigação. A irrigação programada na razão 1.0 IW/CPE (I3) registrou significativamente o maior conteúdo de fósforo na semente (0.58%) e foi estatisticamente igual à razão 0.8 IW/CPE (I2). O menor teor de fósforo na semente (0,47%) foi observado no tratamento de 0,6 IW/CPE (I1).

4.5.2.2 Efeito do fertilizante

Uma leitura dos dados apresentados na Tabela 4.9 revelou que houve efeito significativo de diferentes níveis de fertilizantes no conteúdo de fósforo na semente. Significativamente o maior conteúdo de fósforo na semente (0.55 %) foi registado com F1 (40-80-0 NPK kg/ha), permaneceu a par com o tratamento F2 (30-60-0 NPK kg/ha) e tratamento F3 (25-50-0 NPK kg/ha). O menor teor de fósforo na semente de soja (0,48%) foi observado no tratamento F4 (2040-0 NPK kg/ha).

Tabela 4.9 Efeito da irrigação e dos níveis de fertilizantes no teor de N, P e K nas sementes

Tratamento	N	P	K
(A) Tratamento da parcela principal			
Programação da irrigação: (I)			
I1: 0,6 IW/CPE	5.60	0.47	0.58

I2: 0,8 IW/CPE	5.61	0.54	0.60
I3: 1,0 IW/CPE	5.68	0.58	0.64
S.Em.±	0.03	0.01	0.02
C.D. a 5 %	NS	0.04	NS
C.V. %;8	4.20	6.67	5.10
(B) Tratamento das subparcelas			
Níveis de fertilizantes: (F)			
Fi : 40-80-0 NPK kg/ha	5.72	0.55	0.63
F2: 30-60-0 NPK kg/ha	5.64	0.54	0.69
F3: 25-50-0 NPK kg/ha	5.63	0.52	0.66
F4 : 20-40-0 NPK kg/ha	5.53	0.48	0.63
S.Em.±	0.04	0.01	0.02
C.D. a 5 %	NS	0.03	NS
C.V. %	3.95	5.10	4.85
Interação (I x F)			
S.Em.±	0.12	0.02	0.04
C.D. a 5 %	NS	NS	NS

4.5.2.3 Interação

É evidente a partir dos dados que o efeito combinado da irrigação e do fertilizante foi considerado não significativo no que diz respeito ao teor de fósforo na semente.

4.5.3 Teor de potássio (%) nas sementes

Os dados médios sobre o teor de potássio nas sementes, influenciados por diferentes níveis de irrigação e fertilizantes, são apresentados na Tabela 4.9. A sua análise de variância é apresentada no Apêndice-VII.

A irrigação e o fertilizante, bem como o efeito de interação, não exerceram qualquer efeito significativo sobre o teor de potássio nas sementes.

4.5.4 Teor de azoto (%) no feno

Os dados médios relacionados com o teor de azoto (%) na palha de soja, influenciado por vários níveis de irrigação e fertilizantes, são apresentados no Quadro 4.10. A análise de variância é apresentada no Apêndice-VII.

Um exame dos dados indicou que os diferentes níveis de irrigação e fertilizantes, bem como o seu efeito de interação de diferentes combinações de tratamentos, foram considerados não significativos para o teor de azoto no caule da soja.

4.5.5 Teor de fósforo (%) no feno

Uma avaliação dos dados relativos ao teor de fósforo na palha após a colheita, influenciado por diferentes tratamentos durante o curso da investigação, é apresentada no Quadro 4.10 e a sua análise de variância é indicada no Apêndice-VII.

É evidente a partir dos dados que o efeito individual, bem como o efeito combinado da irrigação e do fertilizante, foi considerado não significativo no que diz respeito ao teor de fósforo no caule.

4.5.6 Teor de potássio (%) no feno

A avaliação dos dados (Tabela 4.10) designou o efeito médio da irrigação e dos níveis de fertilizante no conteúdo de potássio na palha de soja após a colheita. A análise de variância é apresentada no Apêndice-VII.

O efeito individual, bem como o seu efeito de interação entre a irrigação e o fertilizante, não exerceram qualquer efeito significativo no teor de potássio no caule.

Quadro 4.10 Efeito da irrigação e dos níveis de fertilizante no teor de N, P e K no caule

Tratamento	N	P	K
(A) Tratamento da parcela principal			
Programação da irrigação: (I)			
I1: 0,6 IW/CPE	2.48	0.32	0.86
I2: 0,8 IW/CPE	2.52	0.33	0.88
I3: 1,0 IW/CPE	2.55	0.34	0.89
S.Em.±	0.01	0.01	0.01
C.D. a 5 %	NS	NS	NS
C.V. %	5.75	6.81	3.92
(B) Tratamento das subparcelas			
Níveis de fertilizantes: (F)			
Fi : 40-80-0 NPK kg/ha	2.50	0.33	0.89
F2: 30-60-0 NPK kg/ha	2.47	0.32	0.88
F3: 25-50-0 NPK kg/ha	2.45	0.31	0.88
F4 : 20-40-0 NPK kg/ha	2.42	0.31	0.86
S.Em.±	0.04	0.01	0.01
C.D. a 5 %	NS	NS	NS
C.V. %	4.43	5.93	3.30
Interação (I x F)			
S.Em.±	0.06	0.02	0.03
C.D. a 5 %	NS	NS	NS

4.6 ABSORÇÃO DE NUTRIENTES

4.6.1 Absorção de azoto pelas sementes

Os dados sobre a absorção de azoto pelas sementes registados após a colheita, influenciados por diferentes níveis de irrigação e fertilizantes, estão acessíveis no Quadro 4.11 e a análise estatística é ilustrada no Apêndice VIII.

4.6.1.1 Efeito da irrigação

Os resultados revelaram que a absorção de azoto mais elevada na semente (72,95 kg/ha) foi observada na relação 1,0 IW/CPE (I3) e manteve-se a par com a aplicação da relação 0,8 IW/CPE (I2). A absorção mais baixa (56,46 kg/ha) de azoto pelas sementes foi registada na relação 0,6 IW/CPE (I1), respetivamente.

4.6.1.2 Efeito do fertilizante

Uma leitura dos dados apresentados na Tabela 4.11 revelou que houve um efeito significativo de diferentes níveis de fertilizantes na absorção de nitrogênio na semente. A maior absorção de nitrogênio na semente (75,13 kg/ha) foi registrada com Fi (40-80-0 NPK kg/ha), permanecendo estatisticamente igual ao tratamento F2 (30-60-0 NPK kg/ha). O menor consumo de azoto nas sementes de soja (61,24 kg/ha) foi observado no tratamento F4 (20-40-0 NPK kg/ha).

4.6.1.3 Interação

Foi encontrado um efeito de interação não significativo na absorção de azoto pelas sementes de soja com diferentes combinações de níveis de irrigação e fertilizantes (Quadro 4.17).

4.6.2 Absorção de fósforo pelas sementes

No que diz respeito à observação da absorção de fósforo pela semente (os dados apresentados no Quadro 4.11 e a sua análise de variância são dados no Apêndice VIII) foi significativamente preciosa para os níveis de irrigação e fertilizantes.

4.6.2.1 Efeito da irrigação

Uma avaliação dos dados na Tabela 4.11 indicou que a absorção de fósforo pela semente influencia significativamente os vários níveis de irrigação. A maior absorção de fósforo (8,60 kg/ha) foi observada na relação 1,0 IW/CPE (I3), seguida da relação 0,8 IW/CPE (I2) e a menor absorção de fósforo por semente (4,93 kg/ha) foi registada na relação 0,6 IW/CPE (I1).

Quadro 4.11 Efeito da irrigação e dos níveis de fertilizante na absorção de N, P e K pelas sementes

Tratamento	N	P	K
(A) Tratamento da parcela principal			
Programação da irrigação: (I)			
I1: 0,6 IW/CPE	56.46	4.93	11.43
I2: 0,8 IW/CPE	67.87	7.01	14.93
I3: 1,0 IW/CPE	72.95	8.60	16.50
S.Em.±	2.12	0.25	0.55
C.D. a 5 %	8.33	1.79	2.15
C.V. %	10.83	11.54	11.27
(B) Tratamento das subparcelas			
Níveis de fertilizantes: (F)			
F1 : 40-80-0 NPK kg/ha	75.13	7.88	16.78
F2: 30-60-0 NPK kg/ha	69.84	7.25	15.72
F3: 25-50-0 NPK kg/ha	64.53	6.53	13.87
F4 : 20-40-0 NPK kg/ha	61.24	5.98	13.00
S.Em.±	2.16	0.21	0.51
C.D. a 5 %	6.43	0.70	1.51
C.V. %	9.57	11.12	9.06
Interação (I x F)			
S.Em.±	3.75	0.43	0.88
C.D. a 5 %	NS	NS	NS

4.6.2.2 Efeito do adubo

Uma leitura dos dados apresentados na Tabela 4.11 revelou que houve um efeito significativo de diferentes níveis de fertilizantes na absorção de fósforo na semente. Significativamente a maior absorção de fósforo na semente (7,88 kg/ha) registada com F1 (40-80-0 NPK kg/ha) foi mantida a par com o tratamento F2 (30-60-0 NPK kg/ha). A menor absorção de fósforo na semente de soja (5,98 kg/ha) foi observada no tratamento F4 (20-40-0 NPK kg/ha).

4.6.2.3 Interação

A semelhança dos dados afirma que a interação entre os diferentes níveis de irrigação e fertilizante não teve um efeito significativo na absorção de fósforo pelo caule da soja.

4.6.3 Absorção de potássio pelas sementes

Os dados experimentais analisados estatisticamente em relação à absorção de potássio pelas sementes são apresentados na Tabela 4.11 e sua análise de variância é fornecida no Apêndice-VIII.

4.6.3.1 Efeito da irrigação

Os resultados revelaram que a maior absorção de potássio por semente foi registada com a aplicação de 1,0 IW/CPE (I3) (16,50 kg/ha) comparável com 0,8 IW/CPE (I2) (14,93 kg/ha) e a menor absorção de potássio por semente registada com 0,6 IW/CPE (I1) (11,43 kg/ha).

4.6.3.2 Efeito do fertilizante

Uma avaliação dos dados mostrou que os diferentes níveis de fertilizante exerceram uma influência significativa na absorção de potássio pelas sementes. Significativamente, a maior absorção de potássio na semente (16,78 kg/ha) foi registada com F1 (40-80-0 NPK kg/ha), mantendo-se a par com o tratamento F2 (30-60-0 NPK kg/ha). A menor absorção de potássio na semente de soja (13,00 kg/ha) foi observada no tratamento F4 (20-40-0 NPK kg/ha).

4.6.3.3 Interação

O exame minucioso dos dados mostrou que o efeito interativo de diferentes níveis de irrigação e fertilizantes não foi significativo no que diz respeito à absorção de potássio pelas sementes.

4.6.4 Absorção de azoto pelo feno

Os dados sobre a absorção de nitrogénio pelo caule registados após a colheita, influenciados por diferentes níveis de irrigação e fertilizantes, estão acessíveis no Quadro 4.12 e a sua análise estatística é ilustrada no Apêndice VIII.

4.6.4.1 Efeito da irrigação

Os resultados revelaram que a absorção de azoto mais elevada pelo feno foi significativa na aplicação de uma relação 1,0 IW/CPE (I3) (36,13 kg/ha), comparável à relação 0,8 IW/CPE (I2)
(33,28 kg/ha) e a menor absorção de potássio pela semente registada com 0,6 IW/CPE ratio (I1) (27,23 kg/ha).

4.6.4.2 Efeito do adubo

Uma leitura dos dados apresentados no Quadro 4.12 revelou que houve um efeito significativo dos diferentes níveis de fertilizante na absorção de azoto no caule. Significativamente, a maior absorção de nitrogênio na palha (37,11 kg/ha) foi registrada com F1 (40-80-0 NPK kg/ha), que foi estatisticamente igual ao tratamento F2 (30-60-0 NPK kg/ha). O tratamento F4 (20-40-0 NPK kg/ha) registou a menor absorção de azoto no caule da soja (29,91 kg/ha).

4.6.4.3 Interação

Foi encontrado um efeito de interação não significativo na absorção de nitrogênio pela semente de soja com diferentes combinações de níveis de irrigação e fertilizante (Tabela 4.21).

4.6.5 Absorção de fósforo pelo feno

Os dados relativos ao efeito médio da irrigação e do fertilizante na absorção de fósforo pelo capim na colheita são apresentados na Tabela 4.12 e a análise estatística é narrada no Apêndice-VIII.

4.6.5.1 Efeito da irrigação

A absorção de fósforo pela palha foi significativamente afetada devido aos diferentes tratamentos de irrigação. A maior absorção de fósforo pela palha foi registada com uma relação de 1,0 IW/CPE (I3), seguida de uma relação de 0,8 IW/CPE (I2). A absorção mais baixa de fósforo foi observada com uma relação de 0,6 IW/CPE (I1).

4.6.5.2 Efeito do fertilizante

Uma leitura dos dados apresentados no Quadro 4.12 revelou que houve um efeito significativo dos diferentes níveis de fertilizante na absorção de fósforo do caule. A maior absorção de fósforo no caule (4,96 kg/ha) foi registada com FI (40-80-0 NPK kg/ha). O tratamento FI (40-80-0 NPK kg/ha) manteve-se a par do tratamento F2 (30-60-0 NPK kg/ha). O tratamento F4 (20-400 NPK kg/ha) registou a menor absorção de fósforo na palha de soja (3,88 kg/ha).

4.6.5.3 Interação

A semelhança dos dados afirma que a interação entre os diferentes níveis de irrigação e fertilizante não teve um efeito significativo na absorção de fósforo pelo caule da soja.

Quadro 4.12 Efeito da irrigação e dos níveis de fertilizante na absorção de N, P e K pelo caule

Tratamento	N	P	K
(A) Tratamento da parcela principal			
Programação da irrigação: (I)			
II: 0,6 IW/CPE	27.23	3.68	17.66
I2: 0,8 IW/CPE	33.28	4.35	19.72
I3: 1,0 IW/CPE	36.13	4.53	21.56
S.Em.±K8	1.01	0.15	0.58
C.D. a 5 %	4.02	0.60	2.30
C.V. %;8	10.45	11.83	10.97
(B) Tratamento das subparcelas			
Níveis de fertilizantes: (F)			
Fi : 40-80-0 NPK kg/ha	37.11	4.96	23.26
F2 : 30-60-0 NPK kg/ha	34.52	4.55	21.56
F3 : 25-50-0 NPK kg/ha	31.87	4.15	19.42
F4 : 20-40-0 NPK kg/ha	29.91	3.88	18.55
S.Em.±	1.33	0.26	0.62
C.D. a 5 %	3.96	0.91	1.83
C.V. %	9.75	11.22	10.02
Interação (I x F)			
S.Em.±	1.89	0.01	1.07
C.D. a 5 %	NS	NS	NS

4.6.6 Absorção de potássio pelo feno

A partir da Tabela 4.12, pode-se inferir que diferentes níveis de irrigação e fertilizantes influenciaram significativamente a absorção de potássio pelo capim e sua análise de variância é conferida no Apêndice-VIII.

4.6.6.1 Efeito da irrigação

Um olhar sobre os dados revelou que a maior (21,56 kg/ha) e a menor (17,66 kg/ha) absorção de potássio pelo caule foi registada com 1,0 IW/CPE ratio (I3) e 0,6 IW/CPE ratio (II), respetivamente.

4.6.6.2 Efeito do fertilizante

A absorção de potássio pelo caule diferiu significativamente sob a influência dos tratamentos com fertilizantes. A maior absorção de potássio no caule (23,26 kg/ha) foi registada no tratamento FI (40-80-0 NPK kg/ha), comparável ao tratamento F2 (30-60-0 NPK kg/ha). A menor absorção de potássio no caule (18,55 kg/ha) da soja foi observada no tratamento F4 (20-40-0 NPK kg/ha).

4.6.6.3 Interação

A interação entre a irrigação e os níveis de fertilizante foi considerada insignificante no que diz respeito à absorção de potássio pelo caule.

4.6.7 Absorção total de azoto pela cultura

Os dados relacionados com o resultado de diferentes níveis de irrigação e fertilizantes na absorção total de azoto pela cultura estão documentados no Quadro 4.13, delineados graficamente na Fig. 4.6 e a sua análise de variância é fornecida no Apêndice-IX.

4.6.7.1 Efeito da irrigação

Os diferentes tratamentos de irrigação mostraram uma influência significativa na absorção total de azoto pela cultura. Entre os diferentes níveis de irrigação, a aplicação de 1,0 IW/CPE ratio (I3) registou significativamente a maior absorção de azoto pela cultura (109,08 kg/ha), Por outro lado, a menor absorção de azoto pela cultura (83,7 kg/ha) foi registada sob 0,6 IW/CPE ratio (I1) tratamento.

Quadro 4.13 Efeito da irrigação e dos níveis de fertilizantes na absorção total de nutrientes (N, P e K) pela cultura

Tratamento	Absorção total de nutrientes pela cultura		
	Azoto (kg/ha)	Fósforo (kg/ha)	Potássio (kg/ha)
(A) Tratamento da parcela principal			
Programação da irrigação: (I)			
I1: 0,6 IW/CPE	83.7	8.6	29.0
I2: 0,8 IW/CPE	101.1	11.3	34.7
I3: 1,0 IW/CPE	109.0	13.1	38.0
S.Em.±	1.48	0.38	1.06
C.D. a 5 %	5.81	1.45	4.17
C.V. %	9.85	11.23	10.45
(B) Tratamento das subparcelas			
Níveis de fertilizantes: (F)			
Fi : 40-80-0 NPK kg/ha	112	12.8	40.0
F2 : 30-60-0 NPK kg/ha	104	11.8	37.3
F3: 25-50-0 NPK kg/ha	96	10.7	33.3
F4 : 20-40-0 NPK kg/ha	91	9.9	31.6
S.Em.±	2.78	0.45	0.87
C.D. a 5 %	8.25	1.58	2.58
C.V. %	9.13	9.75	7.38
Interação (I x F)			
S.Em.±	4.81	0.68	1.50
C.D. a 5 %	NS	NS	NS

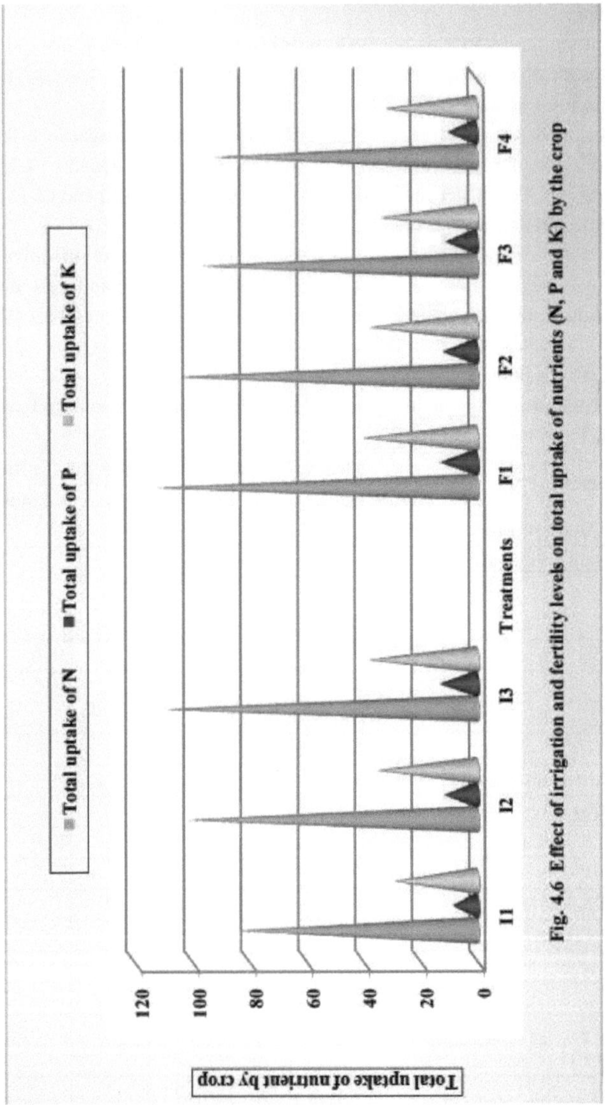

Fig. 4.6 Efeito da irrigação e dos níveis de fertilidade na absorção total de nutrientes (N, P e K) pela cultura

4.6.7.3 Interação

Os dados relativos à absorção total de azoto mostraram que o efeito da interação entre os níveis de irrigação e de fertilizante não foi significativo.

4.6.8 Absorção total de fósforo pela cultura

Os dados relativos à absorção total de fósforo pela cultura, influenciada por diferentes níveis de irrigação e fertilizante, são apresentados no Quadro 4.13 e representados graficamente na Fig. 4.6. A análise de variância é narrada no Apêndice-IX.

4.6.8.1 Efeito da irrigação

Entre os diferentes níveis de irrigação, a aplicação de 1,0 relação IW/CPE (I3) registou significativamente a maior absorção total de fósforo pela cultura (13,1 kg/ha). Por outro lado, a menor absorção de fósforo pela cultura (8,6 kg/ha) foi registada sob a relação 0,6 IW/CPE (I1).

4.6.8.2 Efeito do fertilizante

Uma análise crítica dos dados revelou que a absorção total de fósforo pela cultura foi significativamente influenciada por vários níveis de fertilizante. O tratamento F1 (40-80-0 NPK kg/ha) registou significativamente a maior absorção de fósforo pela cultura (12,8 kg/ha), mas manteve-se estatisticamente a par com o F2 (30-60-0 NPK kg/ha). Contrariamente, a F4 (20-40-0 NPK kg/ha) registou significativamente a menor absorção total de fósforo (9,9 kg/ha).

4.6.8.3 Interação

O efeito de interação da irrigação e do fertilizante foi considerado não significativo (Quadro 4.19) no que diz respeito à absorção total de fósforo pela cultura.

4.6.9 Absorção total de potássio pela cultura

Os dados sobre a absorção de potássio total foram analisados estatisticamente e foram significativamente diferentes devido aos níveis de irrigação e fertilizantes, que são mostrados na Tabela 4.13 representados graficamente na Fig. 4.6 e a análise estatística é indicada no Apêndice-IX.

4.6.9.1 Efeito da irrigação

Os diferentes níveis de irrigação tiveram um efeito significativo na absorção total de potássio. Entre os diferentes níveis de irrigação, a aplicação da relação 1,0 IW/CPE (I3) registou significativamente a maior absorção total de potássio (38,0 kg/ha), seguida da aplicação da relação 0,8 IW/CPE (I3) (34,7 kg/ha). Contrariamente, a absorção total de potássio mais baixa (29,0 kg/ha) foi registada com a aplicação da relação 0,6 IW/CPE (I1).

4.6.9.2 Efeito do adubo

Uma olhada nos dados (Tabela 4.13) revelou que diferentes níveis de fertilizante exerceram um impacto significativo na absorção total de potássio. A fertilização da F1 (40-80-0 NPK kg/ha) resultou numa absorção total de potássio significativamente mais elevada (40,0 kg/ha), que foi superior aos restantes tratamentos. No entanto, a absorção total de potássio significativamente mais baixa (31,6 kg/ha) foi detectada em F4 (20-40-0 NPK kg/ha).

4.6.9.3 Interação

A interação entre os diferentes níveis de irrigação e de fertilizante permaneceu estatisticamente insignificante no que diz respeito à absorção total de potássio.

4.7 ESTADO DOS NUTRIENTES DO SOLO APÓS A COLHEITA

4.7.1 Azoto disponível (kg/ha)

Os dados relativos ao estado do azoto disponível no solo após a colheita da cultura da soja são apresentados no Quadro 4.14, esboçados graficamente na Fig. 4.7 e a sua análise de variância é indicada no Apêndice-X.

4.7.1.1 Efeito da irrigação

Os dados apresentados no Quadro 4.14 revelam que o azoto disponível no solo foi significativamente afetado por diferentes níveis de irrigação após a colheita.

Entre os diferentes níveis de irrigação, a aplicação da relação 1.0 IW/CPE (I3) resulta num azoto disponível significativamente mais elevado (245 kg/ha), que foi estatisticamente igual à aplicação da relação 0.8 IW/CPE (I2). Enquanto que o azoto disponível significativamente mais baixo (221 kg/ha) permanece no solo sob o tratamento 0.6 IW/CPE ratio (I1).

4.7.1.2 Efeito do fertilizante

Os dados (Tabela 4.14) indicam claramente que o estado do azoto disponível após a colheita da cultura da soja variou significativamente com os vários níveis de aplicação de fertilizantes. O máximo de nitrogênio disponível (247 kg/ha) foi registrado com a aplicação de F1 (40-80-0 NPK kg/ha), que permaneceu estatisticamente igual à aplicação de F2 (30-60-0 NPK kg/ha) e F3 (25-50-0 NPK kg/ha). Além disso, o azoto disponível mais baixo (223 kg/ha) foi observado no tratamento F4 (20-40-0 NPK kg/ha).

4.7.1.3 Interação

A semelhança dos dados (Tabela 4.14) indicou claramente que o efeito da interação de diferentes níveis de irrigação e fertilizantes no azoto disponível no solo após a colheita da cultura da soja não foi significativo.

4.7.2 Fósforo disponível (kg/ha)

O estado do fósforo disponível no solo após a colheita da cultura (Tabela 4.14) exibiu um efeito significativo da irrigação e dos níveis de fertilizante. Os dados médios são descritos graficamente na Fig. 4.7 e a sua análise de variância é narrada no Apêndice-X.

4.7.2.1 Efeito da irrigação

Entre os diferentes níveis de irrigação, a aplicação do rácio 1.0 IW/CPE (I3) resulta num fósforo disponível significativamente mais elevado (33.7 kg/ha) que foi superior aos restantes tratamentos. Enquanto que o fósforo disponível significativamente mais baixo (26,1 kg/ha) permanece no solo sob o tratamento 0,6 IW/CPE ratio (I1).

4.7.2.2 Efeito do adubo

Os dados apresentados na Tabela 4.14 mostram que o estado do fósforo disponível após a colheita da cultura da soja variou significativamente com os vários níveis de aplicação de fertilizantes. O máximo de fósforo disponível (31,70 kg/ha) foi registado com a aplicação de F1 (4080-0 NPK kg/ha), que foi estatisticamente igual a F2 (30-60-0 NPK kg/ha) e F3 (25-50-0 NPK kg/ha). Além disso, o fósforo disponível mais baixo (28,7 kg/ha) foi observado no tratamento F4 (20-40-0 NPK kg/ha).

4.7.2.3 Interação

A interação entre as várias combinações de tratamentos não induziu uma variação significativa no teor de fósforo disponível no solo após a colheita da cultura da soja.

4.7.3 Potássio disponível (kg/ha)

Os dados relativos ao potássio disponível no solo após a colheita são apresentados no Quadro 4.14 e ilustrados graficamente na Fig. 4.7. A análise de variância é apresentada no Apêndice X.

4.7.3.1 Efeito da irrigação

Os diferentes níveis de irrigação mostraram uma influência significativa no estado do potássio disponível no solo após a colheita da cultura. Entre os diferentes níveis de irrigação, a aplicação de 1.0 IW/CPE ratio (I3) resulta em potássio disponível significativamente maior

(248 kg/ha), que foi estatisticamente igual à aplicação de 0.8 IW/CPE ratio (I_2). Enquanto que o potássio disponível significativamente mais baixo (226 kg/ha) permanece no solo sob o tratamento 0.6 IW/CPE ratio (I_1).

Tabela 4.14 Efeito da irrigação e dos níveis de fertilizantes nos nutrientes disponíveis (N, P_2O_5 e K_2O) no solo após a colheita da cultura

Tratamento	Nutrientes disponíveis no solo		
	Azoto (kg/ha)	**Fósforo (kg/ha)**	**Potássio (kg/ha)**
(A) Tratamento da parcela principal			
Programação da irrigação: (I)			
I_1: 0,6 IW/CPE	221	26.1	226
I_2: 0,8 IW/CPE	236	29.1	239
I_3: 1,0 IW/CPE	245	33.7	248
S.Em.±	5.34	0.90	4.62
C.D. a 5 %	21.0	3.52	18.1
C.V. %	7.85	10.49	6.83
(B) Tratamento das subparcelas			
Níveis de fertilizantes: (F)			
F_i : 40-80-0 NPK kg/ha	247	31.7	245
F_2: 30-60-0 NPK kg/ha	240	29.6	237
F_3: 25-50-0 NPK kg/ha	232	28.9	230
F4 : 20-40-0 NPK kg/ha	223	28.7	225
S.Em.±	5.79	0.79	5.02
C.D. a 5 %	17.2	2.30	15.0
C.V. %	7.37	7.98	6.43
Interação (I x F)			
S.Em.±	10.02	1.37	8.70
C.D. a 5 %	NS	NS	NS

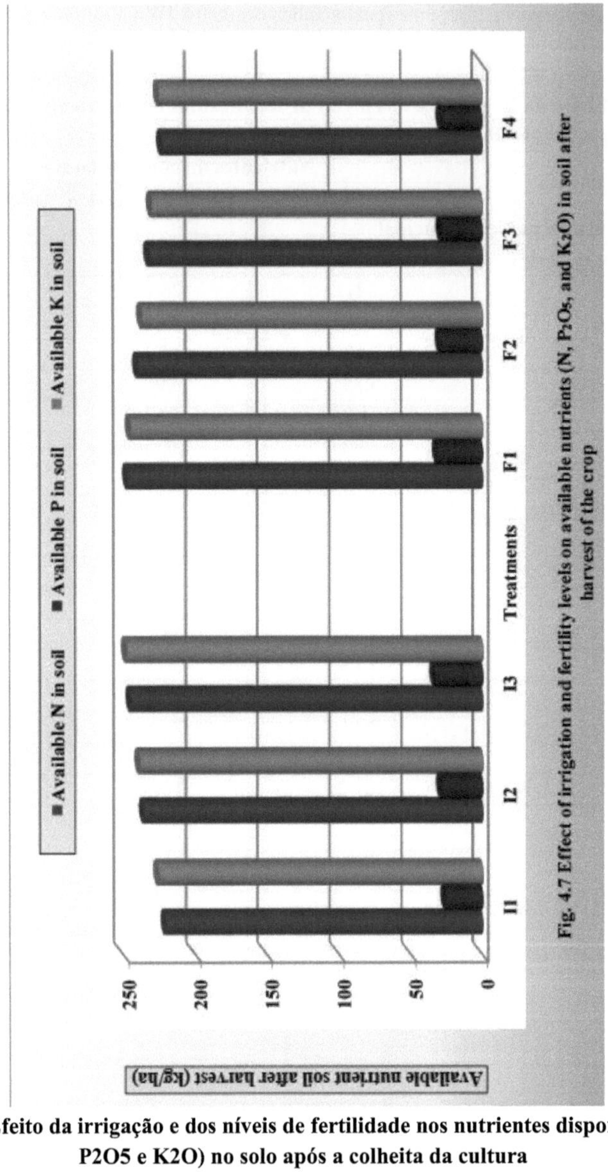

Fig. 4.7 Efeito da irrigação e dos níveis de fertilidade nos nutrientes disponíveis (N, P2O5 e K2O) no solo após a colheita da cultura

4.7.3.2 Efeito do fertilizante

A percetibilidade dos dados (Tabela 4.14) revelou que o estado de potássio disponível após a colheita da cultura da soja variou significativamente com os vários níveis de aplicação de fertilizantes. O máximo de potássio disponível (245 kg/ha) foi registado com a aplicação de Fi (40-80-0 NPK kg/ha), que se manteve estatisticamente a par com a aplicação de F2 (30-60-0 NPK kg/ha) e F3 (25-50-0 NPK kg/ha). Além disso, o menor teor de potássio disponível (225 kg/ha) foi observado no tratamento F4 (20-40-0 NPK kg/ha).

4.7.3.3 Interação

Os dados apresentados no Quadro 4.14 indicam claramente que a interação entre os diferentes níveis de rega e de fertilizantes não exerce um efeito significativo no potássio disponível no solo após a colheita da cultura da soja.

4.8 ESTUDOS DE HUMIDADE DO SOLO

4.8.1 Teor de humidade do solo antes da rega

Os dados referentes ao efeito dos diferentes tratamentos no teor de humidade do solo antes da rega a 0-15 e 15-30 cm de profundidade são apresentados no Quadro 4.15 e na Figura 4.8. A sua análise de variância é fornecida no Apêndice-XI.

4.8.1.1 Efeito da irrigação

A análise dos dados revelou que o efeito dos diferentes níveis de irrigação teve um efeito significativo no teor de humidade do solo antes da irrigação.

Entre 0-15 cm de profundidade, os diferentes tratamentos, significativamente o maior teor de humidade do solo antes da irrigação (13,41%) foi registado no tratamento I3 (1,0 relação IW/CPE). Por outro lado, o teor de humidade do solo mais baixo antes da rega (10,49 %) foi registado no tratamento I1 (0,6 IW/CPE ratio).

A 15-30 cm de profundidade, os diferentes tratamentos, significativamente o maior teor de humidade do solo antes da irrigação (12,86 %) foi registado no tratamento I3 (1,0 relação IW/CPE). Por outro lado, o teor de humidade do solo mais baixo antes da rega (9,70 %) foi registado no tratamento I1 (0,6 IW/CPE ratio).

Quadro 4.15 Teor de humidade do solo antes da rega, influenciado pelos níveis de rega e de fertilizantes

Tratamento	Teor de humidade do solo antes da irrigação (%)	
	0-15 cm	15-30 cm
(A) Tratamento da parcela principal		
<u>Programação da irrigação: (I)</u>		
I1: 0,6 IW/CPE	10.49	9.70
I2: 0,8 IW/CPE	11.93	10.82
I3: 1,0 IW/CPE	13.41	12.86
S.Em.±	0.36	0.33
C.D. a 5 %	1.41	1.28
C.V. %	10.38	10.63
(B) Tratamento das subparcelas		
<u>Níveis de fertilizantes: (F)</u>		
Fi : 40-80-0 NPK kg/ha	11.09	10.92
F2 : 30-60-0 NPK kg/ha	12.12	11.31
F3 : 25-50-0 NPK kg/ha	11.19	10.55
F4 : 20-40-0 NPK kg/ha	11.47	10.62

S.Em.±	0.35	0.34
C.D. a 5 %	NS	NS
C.V. %	9.52	9.22
Interação (I x F)		
S.Em.±	0.65	0.55
C.D. a 5 %	NS	NS

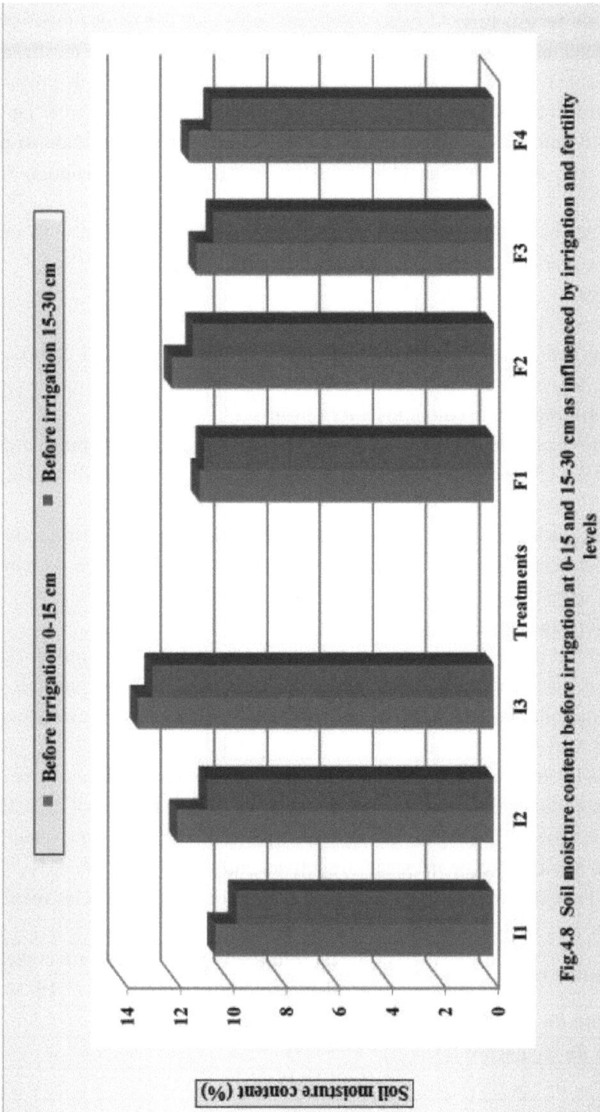

Fig.4.8 Soil moisture content before irrigation at 0-15 and 15-30 cm as influenced by irrigation and fertility levels

Fig.4.8 Teor de humidade do solo antes da rega a 0-15 e 15-30 cm, influenciado pelos níveis de rega e fertilidade

4.8.1.2 Efeito do fertilizante

Um exame minucioso dos dados revelou que os diferentes níveis de fertilizantes afectaram significativamente o teor de humidade do solo antes da rega a 0-15 cm de profundidade. Entre os diferentes tratamentos com fertilizantes, o tratamento F2 (30-60-0 NPK kg/ha) registou o maior teor de humidade do solo antes da rega (13,12 %). Por outro lado, o menor teor de humidade do solo antes da rega (11,09 %) foi registado no tratamento FI (40-80-0 NPK kg/ha).

A 15-30 cm de profundidade, os diferentes níveis de fertilizantes não tiveram um efeito significativo no teor de humidade do solo antes da rega.

4.8.1.3 Interação

A interação entre o calendário de rega e os níveis de fertilizante teve um efeito não significativo no teor de humidade do solo antes da rega, tanto a 0-15 como a 15-30 cm de profundidade.

4.8.2 Teor de humidade do solo após a irrigação

Os dados relativos ao efeito dos diferentes tratamentos no teor de humidade do solo após a irrigação a 0-15 e 15-30 cm de profundidade são apresentados no Quadro 4.16. A sua análise de variância é fornecida no Apêndice-XI.

A análise dos dados revelou que os diferentes calendários de irrigação e níveis de fertilizantes, bem como a interação, não tiveram um efeito significativo no teor de humidade do solo após a irrigação a 0-15 e 15-30 cm de profundidade.

4.8.3 Utilização consumptiva da água

Uma avaliação dos dados sobre o consumo de água em profundidade, influenciado pelo nível de irrigação e fertilizante, é apresentada no Quadro 4.17. O consumo de água em profundidade de todas as combinações de tratamento e seus dados médios foram fornecidos na Tabela 4.18.

A partir dos dados fornecidos na Tabela 3.10 do capítulo anterior, observou-se que, durante a investigação, a cultura irrigada com I1 (razão 0,6 IW/CPE), I2 (razão 0,8 IW/CPE) e I3 (razão 1,0 IW/CPE) recebeu 10, 12 e 14 irrigações, respetivamente, com uma quantidade total de 500, 600 e 700 mm de água de irrigação, respetivamente.

Quadro 4.16 Teor de humidade do solo após a rega, influenciado pelos níveis de rega e de fertilizante

Tratamento	Teor de humidade do solo após a irrigação (%)	
	0-15 cm	**15-30 cm**
(A) Tratamento da parcela principal		
Programação da irrigação: (I)		
I1: 0,6 IW/CPE	26.13	27.89
I2: 0,8 IW/CPE	27.97	28.61
I3: 1,0 IW/CPE	29.81	30.25
S.Em.±	0.70	0.74
C.D. a 5 %	NS	NS
C.V. %	8.68	8.88
(B) Tratamento das subparcelas		
Níveis de fertilizantes: (F)		
FI : 40-80-0 NPK kg/ha	28.68	29.43
F2: 30-60-0 NPK kg/ha	28.28	29.16

F3: 25-50-0 NPK kg/ha	26.61	27.89
F4 : 20-40-0 NPK kg/ha	27.52	28.73
S.Em.±	0.73	0.87
C.D. a 5 %	NS	NS
C.V. %	7.92	8.22
Interação (I x F)		
S.Em.±	1.30	1.38
C.D. a 5 %	NS	NS

4.8.3.1 Efeito da irrigação

É evidente a partir dos dados que, independentemente dos vários tratamentos, o uso consuntivo de água diminuiu com o aumento da profundidade do solo. O consumo de água a 0-15 e 15-30 cm de profundidade do solo foi de 129,49 e 133,12 mm no tratamento I1 (0,6 relação IW/CPE), 170,91 e 175,14 mm no tratamento I2 (0,8 relação IW/CPE) e 295,31 e 300,70 mm no tratamento I3 (1,0 relação IW/CPE), respetivamente. Além disso, independentemente do nível de irrigação e fertilizante, em uma média de todas as combinações de tratamento, o uso consuntivo de água pela soja de verão de 0-15 e 15-30 cm de profundidade do solo foi de 198,57 e 202,98 mm, respetivamente (Tabela 4.18).

Os resultados resumidos na (Tabela 4.17) indicaram que, à medida que a frequência de irrigação aumenta, o uso total de água consumida pela cultura de soja de verão aumentou progressivamente sob diferentes proporções de IW/CPE e foi registrado o maior (596,01 mm) no tratamento I3 (1,0 IW/CPE) seguido por I2 (0,8 IW/CPE) e I1 (0,6 IW/CPE) em ordem decrescente com 346,05 e 262,61 mm, respetivamente.

4.8.3.2 Efeito do fertilizante

Foi revelado a partir dos dados (Tabela 4.17) que não foram observadas diferenças marcantes no consumo total de água entre os níveis de fertilizantes. O consumo total de água observado nos níveis de fertilizante F1, F2, F3 e F4 foi de 399,08, 403,66, 408,32 e 395,15 mm, respetivamente.

Tabela 4.17 Consumo de água em função da profundidade (mm), influenciado pela irrigação e pela
níveis de fertilizantes

Tratamento	Utilização consumptiva da água (mm)		
	0-15 cm	**15-30 cm**	**Total**
(A) Tratamento da parcela principal			
Programação da irrigação: (I)			
I1: 0,6 IW/CPE	129.49	133.12	262.61
I2: 0,8 IW/CPE	170.91	175.14	346.05
I3: 1,0 IW/CPE	295.31	300.70	596.01
(B) Tratamento das subparcelas			
Níveis de fertilizantes: (F)			
F1 : 40-80-0 NPK kg/ha	197.60	201.48	399.08
F2 : 30-60-0 NPK kg/ha	199.37	204.29	403.66
F3 : 25-50-0 NPK kg/ha	201.85	206.47	408.32
F4 : 20-40-0 NPK kg/ha	195.45	199.69	395.15

Quadro 4.18 Consumo de água em função da profundidade (mm), influenciado pela

irrigação e pela
níveis de fertilizante em diferentes combinações de tratamento

Tratamento	Profundidade do solo (mm)		
	0-15 cm	**15-30 cm**	**Total**
I1F1	137.71	139.73	277.44
I1F2	121.33	126.68	248.01
I1F3	132.00	135.35	267.35
I1F4	126.90	130.72	257.62
I2F1	160.72	163.68	324.40
I2F2	173.04	178.13	351.17
I2F3	189.17	195.05	384.22
I2F4	160.72	163.68	324.40
I3F1	294.38	301.02	595.40
I3F2	303.74	308.06	611.80
I3F3	284.38	289.02	573.40
I3F4	298.74	304.68	603.42
Média	**198.57**	**202.98**	**401.55**

4.8.4 Eficiência do uso da água (kg/ha-mm)

Os dados relativos ao efeito de diferentes tratamentos na eficiência do uso da água na cultura da soja são apresentados na Tabela 4.19 e na Figura 4.9. A eficiência do uso da água de todas as combinações de tratamento foi fornecida na Tabela 4.20.

4.8.4.1 Efeito da irrigação

É conspícuo a partir dos dados na Tabela 4.19, foi indicado que a eficiência média do uso da água foi influenciada devido a diferentes calendários de irrigação e foi aumentada de 0,6 relação IW/CPE para 1,0 relação IW/CPE a WUE em ordem decrescente. A maior eficiência do uso da água (4,72 kg/ha-mm) foi registada quando a soja de verão foi irrigada sob o tratamento I1 (0,6 relação IW/CPE), seguida pelo tratamento I2 (4,53 relação IW/CPE). Enquanto a menor eficiência do uso da água (2,96 kg/ha-mm) foi registada no tratamento (1,0 IW/CPE ratio).

4.8.4.2 Efeitos dos fertilizantes

Os dados apresentados na Tabela 4.19 revelaram que a eficiência média do uso da água foi influenciada pelos diferentes tratamentos com fertilizantes na cultura da soja de verão. A maior eficiência do uso da água (4,15 kg/ha-mm) foi observada no tratamento F1 (40-80-0 NPK kg/ha) e a menor eficiência do uso da água (3,34 kg/ha-mm) foi registada no tratamento F4 (20-40-0 NPK kg/ha)

Quadro 4.19 Eficiência do uso da água influenciada pelos níveis de irrigação e fertilizantes

Tratamento	Eficiência do uso da água (kg/ha-mm)
(A) Tratamento da parcela principal	
Programação da irrigação: (I)	
I1 : 0,6 IW/CPE	4.72
I2 : 0,8 IW/CPE	4.53
I3 : 1.0 IW/CPE	2.96
(B) Tratamento das subparcelas	

Níveis de fertilizantes: (F)	
Fi : 40-80-0 NPK kg/ha	4.15
F2 : 30-60-0 NPK kg/ha	4.26
F3 : 25-50-0 NPK kg/ha	3.43
F4 : 20-40-0 NPK kg/ha	3.34

Tabela 4.20 Eficiência do uso da água (kg/ha-mm) influenciada pelos níveis de irrigação e fertilizantes em diferentes combinações de tratamentos

Tratamento	Eficiência do uso da água (kg/ha-mm)
I1F1	4.84
I1F2	5.40
I1F3	4.40
I1F4	4.27
I2F1	5.48
I2F2	5.28
I2F3	3.54
I2F4	3.95
I3F1	3.12
I3F2	3.21
I3F3	2.89
I3F4	2.62

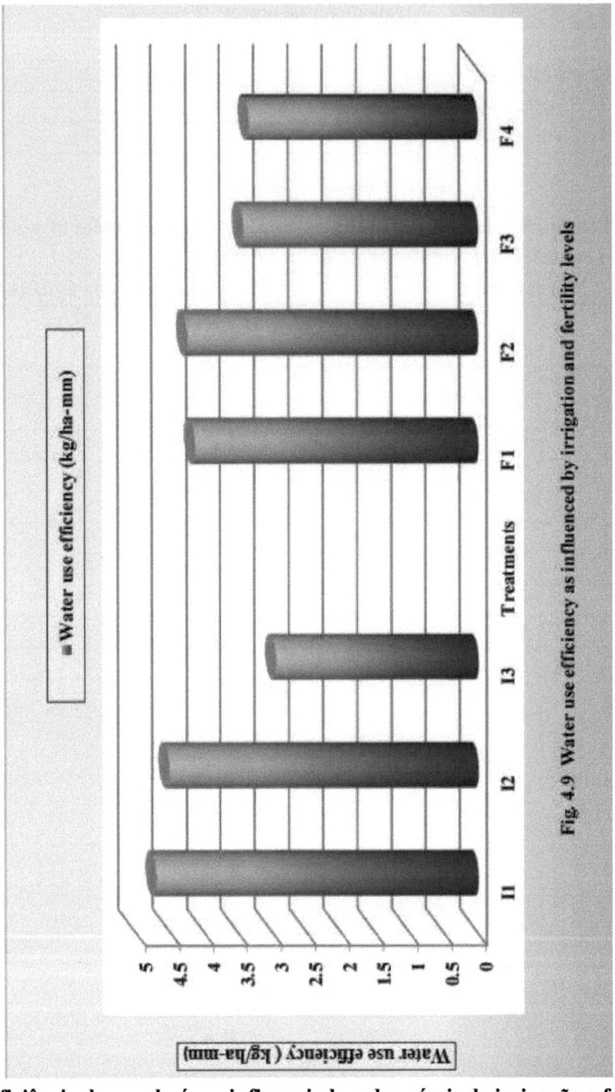

Fig. 4.9 Eficiência do uso da água influenciada pelos níveis de irrigação e fertilidade

4.9 ECONOMIA

Os detalhes da realização bruta, da realização líquida e da relação custo-benefício (BCR) para níveis individuais de irrigação e fertilizante foram trabalhados e apresentados na Tabela 4.21. Assim como diferentes combinações de tratamento foram trabalhadas e apresentadas na Tabela 4.22. O custo de cultivo da soja e outros detalhes dos custos incorridos com os tratamentos são fornecidos nos Apêndices XII a XVI. Os dados sobre a realização bruta e líquida são também representados graficamente na Fig. 4.10.

4.9.1 Rendimento bruto e líquido

O rendimento bruto e líquido afectados por vários níveis de irrigação e fertilizantes são apresentados no Quadro 4.21 e ilustrados graficamente na Fig. 4.10.

4.9.1.1 Efeito da irrigação

O exame minucioso dos dados na Tabela 4.21 revelou que entre todos os tratamentos de irrigação, I3 (1.0 relação IW/CPE) registou o máximo retorno bruto e líquido de ? 83,928 e ? 43,423/ha, respetivamente, seguido por I2 (0.8 rácio IW/CPE) com o respetivo retorno bruto e líquido de ? 74,721 e ? 35.553/ha e o tratamento I1 (0,6 relação IW/CPE) registou um rendimento bruto e líquido mínimo de ? 59.360 e ? 21.553/ha, respetivamente.

4.9.1.2 Efeito do fertilizante

Entre os tratamentos com fertilizantes, F2 (30-60-0 NPK kg/ha) deu o máximo retorno bruto e líquido de ? 81.465 e ? 42.152/ha, respetivamente, seguido por Fı (40-80-0 NPK kg/ha) com respectivos retornos bruto e líquido de ? 78.978 e ? 38.413/ha e F3 (25-50-0 NPK kg/ha) com um retorno bruto e líquido de ? 66.939 e ? 28.259/ha e o tratamento F4 (20-40-0 NPK kg/ha) registou um retorno bruto e líquido mínimo de ? 63.279 e ? 25.214/ha, respetivamente (Tabela 4.21).

Os dados apresentados no Quadro 4.22 indicam que, entre as várias combinações de tratamentos, I3F2 (1,0 relação IW/CPE + 30-60-0 NPK kg/ha) deu o máximo retorno bruto (? 92,950 /ha) seguido por I3F1 (1,0 relação IW/CPE + 40-80-0 NPK kg/ha) com ? 88115/ha e I2F2 (0,8 rácio IW/CPE + 30-60-0 NPK kg/ha) com ? 87.623/ha, enquanto a combinação de tratamentos I1F4 (1,0 relação IW/CPE + 20-40-0 NPK kg/ha) registou um rendimento bruto mínimo (? 52.730/ha).

Tabela 4.21 Economia da produção de soja de verão influenciada pelo efeito da irrigação e dos níveis de fertilizantes

Tratamento	Rendimento (kg/ha)		Rendimento bruto (?/ha)	Custo de cultivo (?/ha)	Rendimento líquido (?/ha)	Rácio B:C
	Semente	Stover				
(A) Tratamento da parcela principal						
Programação da irrigação: (I)						
I1: 0,6 IW/CPE	1240	1780	59360	37796	21553	1.57
I2: 0,8 IW/CPE	1569	2058	74721	39156	35553	1.90
I3: 1,0 IW/CPE	1764	2274	83928	40516	43423	2.07
(B) Tratamento das subparcelas						
Níveis de fertilizantes: (F)						
Fi : 40-80-0 NPK kg/ha	1658	2184	78978	40580	38413	1.94
F2 : 30-60-0 NPK kg/ha	1719	2055	81465	39314	42152	2.07
F3 : 25-50-0 NPK kg/ha	1399	1992	66939	38681	28259	1.73

F4 : 20-40-0 NPK kg/ha	1321	1917	63279	38050	25214	1.66

Quadro 4.22 Economia das diferentes combinações de tratamento

Tratamento	Rendimento bruto (?/ha)		Custo de cultivo (?/ha)	Rendimentos brutos (?/ha)	Rendimentos líquidos (?/ha)	Rácio B:C
	Semente	Stover				
I1F1	1343	2057	39220	64549	25329	1.65
I1F2	1340	1762	37954	63824	25870	1.68
I1F3	1176	1686	37321	56292	18971	1.51
I1F4	1100	1615	36690	52730	16040	1.44
I2F1	1777	2174	40580	84313	43733	2.08
I2F2	1853	2119	39314	87623	48309	2.23
I2F3	1362	2010	38681	65310	26629	1.69
I2F4	1283	1928	38050	61591	23541	1.62
I3F1	1855	2320	41939	88115	46176	2.10
I3F2	1964	2285	40674	92950	52276	2.29
I3F3	1659	2281	40040	79217	39177	1.98
I3F4	1579	2208	39409	75471	36062	1.92

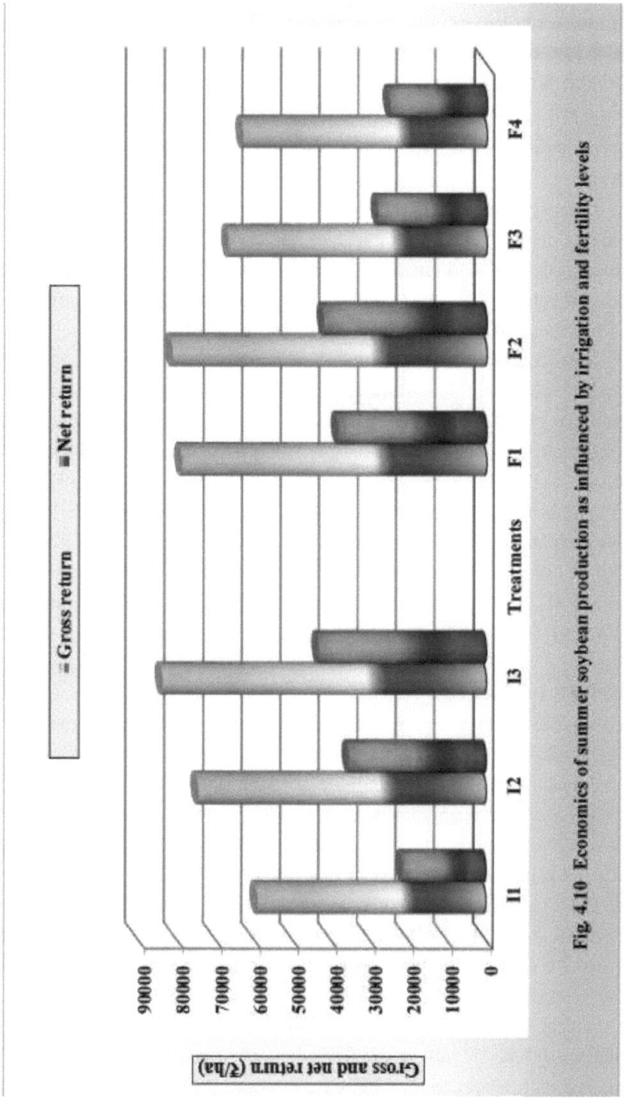

Fig. 4.10 Economia da produção de soja de verão influenciada pelos níveis de irrigação e fertilidade

Da mesma forma, o retorno líquido máximo de ? 52.276/ha foi obtido pela combinação de tratamento I3F2 (1,0 relação IW/CPE + 30-60-0 NPK kg/ha) seguido por I2F2 (0,8 relação IW/CPE + 30-60-0 NPK kg/ha) com ? 48,309/ha e I3F1 (1.0 rácio IW/CPE + 40-80-0 NPK kg/ha) com ? 46.176/ha, enquanto a combinação de tratamentos IIF4Q.0 relação IW/CPE + 20-40-0 NPK kg/ha) registou um retorno líquido mínimo (? 16.040 /ha).

4.9.2 Rácio B: C

4.9.2.1 Efeito da irrigação

Uma avaliação dos dados (Tabela 4.21), influenciada por diferentes relações IW/CPE, indicou que a programação da irrigação em I3 (1,0 relação IW/CPE) deu maior relação B:C de 2,07, seguida por I2 (0,8 relação IW/CPE) com 1,90. Enquanto a irrigação da soja de verão I1 (0,6 relação IW/CPE) observou a menor relação B: C de 1,57 (Tabela 4.21).

4.9.2.2 Efeito do fertilizante

Verificou-se que a semeadura da cultura em F2 (30-60-0 NPK kg/ha) deu maior relação B: C de 2,07 seguido por F1 (40-80-0 NPK kg/ha) com 1,94 e F3 (25-50-0 NPK kg/ha) com 1,73. Enquanto a aplicação F4 (20-40-0 NPK kg/ha) deu uma relação B: C mais baixa de 1,66 (Tabela 4.21).

Entre as várias combinações de tratamento, I3F2 (1,0 relação IW/CPE + 30-60-0 NPK kg/ha) deu a máxima relação B:C (2,29) seguida por I2F2 (0,8 relação IW/CPE + 30-60-0 NPK kg/ha) com 2,23, I3F1 (1,0 relação IW/CPE + 40-80-0 NPK kg/ha) com 2,10 e I2F1 (0,8 relação IW/CPE + 40-80-0 NPK kg/ha) com 2,08. Enquanto a combinação de tratamento I1F4 (0,6 relação IW/CPE + 20-40-0 NPK kg/ha) resultou na menor relação B: C de 1,44 (Tabela 4.22).

4.10ESTUDOS DE CORRELAÇÃO

Foi estudada a relação entre o rendimento de sementes de soja e outros atributos importantes de crescimento, rendimento, qualidade e absorção de nutrientes pela cultura. Os dados sobre o coeficiente de correlação (*r*), o coeficiente de determinação (R^2), o coeficiente de regressão (*b*) e a interceção (*a*) são apresentados no quadro 4.23.

Os resultados revelaram que a altura da planta aos 30, 60 DAS e na colheita, o número de ramos por planta, a produção de matéria seca, o número de vagens por planta, o peso seco por planta aos 40 DAS, o peso seco por planta na colheita, o número de vagens por planta, a produção de palha e a absorção total de nutrientes (N, P e K) pela cultura apresentaram uma correlação positiva e significativa com a produção de sementes de soja. A correlação entre a produção de sementes e o número de ramos por planta (0,9701**) foi a mais alta, seguida pela produção de matéria seca (0,9561**), altura da planta na colheita (0,9496**), número de vagens por planta (0,9485**), altura da planta aos 30 DAS (0,9451**), absorção total de P pela cultura (0.9456**), absorção total de N pela cultura (0,9350**), absorção total de K pela cultura (0,9304**), altura da planta aos 60 DAS (0,9232**) e rendimento de palha (0,9115**) que atribuíram correspondentemente 94,11, 91,42, 90,18, 89,96, 89,41, 89,32, 87,42, 86,56, 85,22 e 83,08 por cento de variação no rendimento de sementes de soja.

Quadro 4.23 Interceção (*a*), coeficiente de regressão (*b*), coeficiente de correlação (*r*) e coeficiente de determinação (R^2) do rendimento de sementes de soja (variável dependente Y) com atributos individuais de crescimento e rendimento e absorção de nutrientes pela cultura (variáveis independentes X)

Xi	Variável independente	*A*	*B*	*R*	*100 R^2*
X1	Altura da planta aos 30 DAS	-957	108.25	0.9451**	89.32

X2	Altura da planta aos 60 DAS	-872	61.37	0.9232**	85.22
X3	Altura da planta na colheita	-1258	60.56	0.9496**	90.18
X4	N.º de ramos por planta	-826	445.45	0.9701**	94.11
X5	Produção de matéria seca (g)	-681	88.68	0.9561**	91.42
X6	Número de vagens por planta	-791	64.32	0.9485**	89.96
X7	Rendimento do caule (kg/ha)	-804	1.14	0.9115**	83.08
X8	Absorção total de N pela cultura (kg/ha)	-382	19.15	0.9350**	87.42
X9	Absorção total de P pela cultura (kg/ha)	163	121.88	0.9456**	89.41
X10	Absorção total de K pela cultura (kg/ha)	-198	49.43	0.9304**	86.56

1 Significativo a um nível de significância de 5%

2 * Significativo ao nível de 1% de significância

CAPÍTULO - V

DISCUSSÃO

Como sabemos, a programação adequada da irrigação e o uso equilibrado de fertilizantes desempenham um papel fundamental na melhoria da produção e da produtividade de cada cultura sem prejudicar a saúde do solo e a cultura da soja não é uma exceção. Atualmente, tem sido dada grande ênfase ao aumento das sementes oleaginosas e leguminosas, tanto a nível estatal como nacional, de modo a minimizar a escassez de óleos comestíveis no nosso país e, consequentemente, reduzir a drenagem de divisas para a importação destes produtos. A soja tem uma importância dupla, uma vez que não só contém óleo comestível como também proteínas de alta qualidade. Atualmente, ocupa o terceiro lugar na produção de sementes oleaginosas e de óleo comestível no país. Entre as culturas oleaginosas, a soja está a ganhar popularidade entre os agricultores, sendo uma cultura mais remuneradora e com menos custos de produção do que o amendoim. Neste contexto, foi testado o desempenho da soja em diferentes escalas de irrigação e níveis de fertilizantes no verão. Os resultados apresentados no capítulo anterior são aqui discutidos.

5.1 Efeito do solo e das condições climatéricas

5.2 Efeito da irrigação

5.3 Efeito dos níveis de fertilizante

5.4 Interação

5.5 Economia

5.1 EFEITO DO SOLO E DAS CONDIÇÕES CLIMATÉRICAS

As condições meteorológicas desempenham um papel importante no crescimento e no rendimento da soja cultivada na estação do verão. Os dados meteorológicos apresentados no Quadro 3.1 e representados na Fig. 1 reflectem que as condições meteorológicas prevalecentes durante todo o período de cultivo foram favoráveis e favoráveis ao crescimento e desenvolvimento normais da soja de verão. Não foi observada nenhuma incidência grave de doenças e insectos durante o período de crescimento da cultura. Assim, qualquer variação observada na investigação é atribuída aos tratamentos diferenciados efectuados na experiência.

A análise dos dados do quadro 3.2 permite concluir que o solo da parcela experimental é de textura argilosa e de reação ligeiramente alcalina, com pH 7,9 e CE 0,40 ds/m. O solo tinha um teor médio de azoto disponível (280,7 kg/ha) e de fósforo disponível (32,1 kg/ha) e um teor elevado de potássio (279,6 kg/ha).

A partir dos dados meteorológicos (Tabela 3.1), fica claro que os parâmetros climáticos como temperatura, umidade relativa, horas de sol, velocidade do vento e evaporação foram mais ou menos favoráveis ao crescimento e desenvolvimento da soja durante o verão de 2021. A temperatura média máxima e mínima durante o período de crescimento e desenvolvimento da cultura variou de 28,9 a 42,4 e 12,4 a 27,7^0 C, respetivamente.

Durante o período de cultivo, a humidade relativa esteve entre 17 e 87%. As horas de sol brilhante, a velocidade do vento e a evaporação diária foram de 3,1 a 10,3 horas por dia, 3,2 a 10,2 km por hora e 3,4 a 11,1 mm por dia, respetivamente.

5.2 EFEITO DA IRRIGAÇÃO

5.2.1 Efeito dos níveis de irrigação na população de plantas

A população inicial e final de plantas não foi afetada significativamente devido aos vários níveis de irrigação e fertilizante, bem como seu efeito de interação (Tabela 4.1). Assim, ficou muito claro que a variação observada nos atributos de crescimento e produtividade, bem como na produtividade da cultura de soja de verão, deveu-se principalmente aos efeitos dos tratamentos e não à população de plantas.

5.2.2 Efeito dos níveis de irrigação nos parâmetros de crescimento

O crescimento, que é um aumento inevitável do tamanho e da forma da planta, é regulado por uma interação complexa entre os processos fisiológicos, que são influenciados pela aplicação de factores de produção externos, como a água e os nutrientes, e as influências ambientais. As diferentes quantidades de irrigação na presente experiência alteraram consideravelmente as respostas diferenciais, independentemente dos tratamentos.

Além disso, à medida que a cultura da soja ficou mais velha, os parâmetros de crescimento, incluindo a altura da planta aos 30 e 60 DAS e na colheita (Tabela 4.2), o número de ramos por planta (Tabela 4.3) e a produção de matéria seca (Tabela 4.3), todos aumentaram. Os dias até à maturidade não foram significativamente afectados pelo efeito da variação do calendário de rega (Quadro 4.3).

A rega programada teve um impacto na altura da planta de soja em todas as fases de observação (Tabela 4.2). A altura da planta também aumentou a partir de 30 DAS em cada fase de crescimento subsequente. As plantas cultivadas sob o tratamento I3 (1,0 relação IW/CPE) (25,47 cm) foram visivelmente mais altas do que as cultivadas sob o tratamento I2 (0,8 relação IW/CPE) (22,77 cm), enquanto as plantas cultivadas sob o tratamento I1 (0,6 relação IW/CPE) foram visivelmente mais baixas (20,52 cm).

A altura da planta também aumentou aos 60 DAS com cada geração subsequente. Plantas significativamente mais altas (43,79 cm) foram observadas no tratamento I3 (1,0 relação IW/CPE), que permaneceu comparável ao tratamento I2 (0,8 relação IW/CPE) (38,66 cm), enquanto o tratamento I1 (0,6 relação IW/CPE) resultou em plantas visivelmente mais curtas (34,67 cm).

Na colheita, I3 (relação 1,0 IW/CPE) registou uma altura de planta significativamente mais elevada (50,75 cm) em comparação com o tratamento I2 (relação 0,8 IW/CPE), enquanto a altura de planta mais baixa (41,20 cm) foi observada em I1 (relação 0,6 1W/CPE).

O aumento da altura da planta no tratamento I3 (1,0 IW: relação CPE) pode dever-se ao fornecimento ótimo de humidade do solo em torno da zona radicular, melhorando favoravelmente a absorção e translocação de nutrientes, o que, em última análise, está relacionado com o crescimento e desenvolvimento da planta em termos de altura da planta devido a regas frequentes. A outra razão para o aumento da altura da planta pode dever-se ao facto de o fornecimento de humidade óptima no solo ter promovido a divisão e expansão celular e, por conseguinte, o alongamento do caule, o que praticamente aumentou a altura da planta. A razão para a menor altura da planta pode ser devido à condição de estresse de umidade criada no respetivo tratamento afetar o crescimento da planta e menor altura da planta sob o tratamento sob I1 (0,6 1W / relação CPE). Esses resultados estão de acordo com as descobertas de Prabhakaran e Lourduraj (2004), Patel (2008), Yadav e Singh, (2014), Deewan *et al.* (2015), Naresha *et al.* (2018) e Meena *et al.* (2021).

A acumulação de matéria seca também foi significativamente influenciada pela irrigação frequente aplicada com base na relação IW/CPE de 1,0 (I3) em todas as fases de crescimento. É sabido que o fornecimento adequado de humidade no solo ajuda na multiplicação e expansão das células vegetais, resultando numa melhor área fotossintética e no crescimento das plantas. Resultados semelhantes foram observados por Sree e Rao, (1998), Padmalatha *et al.* (2002), Yadav e Singh (2014), Singh *et al.* (2017), Naresha *et al.* (2018), Karande *et al.*

(2019), Puppala *et al.* (2021) e Meena *et al.* (2021).

5.2.3 Efeito nos atributos de rendimento

Os resultados relativos aos caracteres que atribuem rendimento (Tabela 4.4 e 4.5) mostraram que a irrigação da cultura com a aplicação de I3 (1,0 relação IW/CPE) melhorou significativamente os atributos de rendimento como, número de vagens por planta, comprimento da vagem, número de sementes por vagem e peso de 100 sementes de soja, mas foi encontrado estatisticamente análogo à aplicação I2 (0,8 relação IW/CPE). No entanto, a aplicação I1 (relação 0,6 1W/CPE) registou significativamente o valor mais baixo em todos os casos.

O tratamento I3 (1,0 IW: relação CPE) registou o número máximo de vagens por planta (38,81) que está a par com I2 (0,8 IW/relação CPE) (35,90). O número de sementes por vagem (2,89), o comprimento da vagem (3,50 cm) e o índice de sementes de 100 sementes (9,39 gm) registaram valores mais elevados em comparação com os outros planos de rega. Isto pode dever-se ao aumento do número de regas aplicadas em intervalos mais curtos e ao consumo total de água. Estas situações evitaram o stress da humidade do solo e, portanto, proporcionaram condições muito favoráveis para a humidade do solo e disponibilidade de nutrientes para as plantas e, em última análise, atributos de rendimento mais elevados. A outra razão para este aumento pode ser atribuída ao facto de o aumento dos níveis de irrigação promover o crescimento vegetativo, acelerar a floração e, assim, aumentar o número de vagens por planta e o seu comprimento. O peso de 100 sementes aumentou com o aumento dos níveis de irrigação. A água é também um componente essencial e actua como uma carreira de alimentos para as plantas cultivadas. Assim, a água acelera o processo de fotossíntese, resultando, em última análise, na acumulação de mais fotossíntese, o que pode ajudar a aumentar o tamanho e o peso dos grãos, resultando num maior peso de teste por planta. Estes resultados são semelhantes às conclusões de Parihar *et al.* (1999), Chaudhary *et al.* (2015), Singh *et al.* (2017), Naresha *et al.* (2018), Deewan *et al.* (2015) e Suresh *et al.* (2013).

5.2.4 Efeito da irrigação no rendimento

Vários níveis de irrigação mostraram um efeito significativo na produtividade de sementes e palha da soja (Tabela 4.6). A irrigação da cultura a 1,0 IW/CPE (I3) produziu significativamente a maior semente (1764 kg/ha) e a maior produção de palha (2274 kg/ha) sobre 0,8 (I2) e 0,6 IW/CPE (I1). Isto pode ser devido ao facto de que com a maior frequência de irrigação, as condições óptimas de humidade foram criadas ao longo do período de crescimento da cultura, o que aumentou a atividade fisiológica da planta e favoreceu a expressão dos caracteres morfológicos, como a altura, o número de ramos e o peso da matéria seca, o que se reflectiu na produção de um crescimento vegetativo profuso. A humidade disponível no solo aumentou com o aumento sucessivo do número de regas, o que favoreceu o crescimento e a produção de caracteres. Os presentes resultados estão de acordo com os relatados por Elamathi e Singh (2001), Suresh *et al.* (2013), Deewan *et al.* (2015), Kumar e Singh (2015), Patel *et.al* (2015), Dhaker *et al.* (2016), Singh *et al.* (2017), Naresha *et al.* (2018) e Bhuva, H. M. (2020) no que diz respeito ao rendimento de sementes e palha de soja.

Diferentes níveis de irrigação não mostraram qualquer efeito significativo no índice de colheita da soja (Tabela 4.6).

5.2.5 Efeito da irrigação na qualidade

Os dados sobre o teor de óleo (Tabela 4.7) não foram significativamente influenciados por diferentes níveis de irrigação, mas um maior teor de óleo foi obtido com 1,0 IW/CPE ratio (I3) em comparação com 0,8 IW/CPE ratio (I2) e 0,6 IW/CPE ratio (I1). Isto pode ser devido à disponibilidade adequada de humidade no solo com uma relação de 1,0 IW/CPE. Além disso, a pressão de turgor das células tem de ser mais elevada no rácio 1,0 IW/CPE do que no rácio 0,8 e 0,6 IW/CPE. Por conseguinte, a atividade bioquímica necessária para a síntese de óleo poderia ter sido mais eficiente com a relação 1,0 IW/CPE do que com a relação 0,8 e 0,6 IW/CPE. Isto pode ter resultado num maior teor de óleo na semente sob a relação 1.0 IW/CPE significativamente o maior rendimento de óleo (255 kg/ha) foi registado com o tratamento 1.0 IW/CPE em relação aos tratamentos I2 e I1. O aumento do rendimento de óleo deveu-se principalmente ao maior teor de óleo na semente de soja e ao maior rendimento de sementes no tratamento I3 (1,0 IW/CPE ratio).

Os dados sobre o teor de proteína e o rendimento de proteína (Tabela 4.8) não foram significativamente influenciados por diferentes níveis de irrigação. Os resultados revelaram que o maior teor de proteínas foi obtido quando a irrigação foi aplicada com base na relação IW/CPE de 1,0 (I3) em comparação com a relação IW/CPE de 0,6 (I1) devido à acumulação de mais azoto. Isto também resultou num maior rendimento proteico. O rendimento proteico mais elevado (519 kg/ ha) foi registado com o tratamento 1.0 relação IW/CPE em comparação com 0.8 (I2) e 0.6 relação IW/CPE (I1). O aumento na produção de proteínas deveu-se principalmente ao maior teor de proteínas na semente de soja e ao maior rendimento de sementes sob a relação 1.0 IW/CPE (I3). A presente descoberta está em estreita concordância com as relatadas por Tomar *et al*, (1993), Parihar *et al.* (1999), Chaudhary *et al.* (2015), Lokhande *et al.* (2018) Naresha *et al.* (2018) e Kotadiya *et al.* (2021).

5.2.6 Efeito no teor e na absorção de nutrientes

A irrigação aplicada a uma razão IW/CPE de 1,0 (I3) registou o maior teor de N, P e K nas sementes e no caule em relação à razão de 0,8 IW/CPE (I2) e 0,6 IW/CPE (I2). A redução da frequência de irrigação 0,6 (I1) reduziu o teor de N, P e K nas sementes e no caule. Significativamente, a maior absorção (N, P e K) por sementes, palha e total foi registada com 1,0 IW/CPE (I3), enquanto que foi igual com 0,8 IW/CPE (I2). A menor absorção foi observada na relação 0,6 IW/CPE (I1). Isto deveu-se principalmente a uma maior produção e rendimento de matéria seca e também à manutenção de condições óptimas de humidade, o que contribuiu para uma melhor penetração e proliferação das raízes, levando a uma maior absorção de nutrientes por difusão, fluxo de massa e interceção das raízes. Um solo com um teor de água ótimo contribui para uma melhor solubilidade dos nutrientes do que um estado de água limitado, reduzindo também as possibilidades de lixiviação da maior parte dos nutrientes devido ao excesso de água, o que conduz a uma maior absorção. Estes resultados estão em estreita conformidade com as conclusões de Shridhara, S. e Thimmegowda, S. (1997), Bhuva, H. M. (2020), Mandeewal *et al.* (2020) e Meena *et al.* (2021).

5.2.7 Efeito da irrigação no teor de humidade e na eficiência da utilização da água

O teor de humidade do solo antes da rega teve um efeito significativo. Entre 0-15 cm de profundidade, o maior teor de humidade do solo antes da rega (13,41 %) foi observado em I3 (1,0 relação IW/CPE). A 15-30 cm de profundidade, o teor de humidade do solo mais elevado antes da rega (12,86 %) foi registado em I3 (1,0 IW/CPE ratio), superior aos restantes tratamentos. Por outro lado, o teor de humidade do solo mais baixo antes da rega foi registado em I1 (0,6 IW/CPE ratio) em ambas as profundidades do solo (Tabela 4.15).

A produção de produtos comercialmente valiosos por unidade de água utilizada pelas culturas ao longo da sua vida é designada por eficiência da utilização da água. Ao contrário do uso consuntivo, o rácio CI/CPE faz com que a eficiência do uso da água se deteriore ao longo do tempo (Quadro 4.19). O sistema de rega com um rácio de 0,6 IW/CPE teve a maior eficiência de utilização da água (4,72 kg/ha-mm) (I1). O tratamento I3 (rácio 1.0 IW/CPE) teve a menor eficiência média de utilização da água (2.96 kg/ha-mm). A diminuição da eficiência do uso da água que ocorreu quando foi aplicada água adicional pode ter sido causada por regimes de humidade mais elevados, em que mais humidade é utilizada para evaporação do que para produção, diminuindo a eficiência do uso da água. Também pode estar relacionado com a quantidade de água. A WUE diminuiu com rácios IW/CPE mais elevados e a irrigação frequente aplicada sob estes tratamentos aumentou a perda de humidade devido à evapotranspiração na estação do verão. A maior WUE com menor irrigação, *ou seja,* 0,6 rácio IW/CPE, deveu-se a uma menor perda de água devido à evaporação sob um abastecimento de água limitado. Resultados semelhantes foram observados por Bharambe *et al.* (1999), Kumar *et al.* (2000), Patel *et al.* (2008), Das *et al.* (2013), Yadav *et al.* (2014) e Megharani *et al.* (2020).

5.3 EFEITO DO FERTILIZANTE

5.3.1 Efeito dos níveis de fertilizante na população de plantas

Os dados de população de plantas fornecidos na Tabela 4.1 revelaram que inicialmente aos 20 DAS e a contagem final no momento da colheita mostraram um bom estande de plantas com pouca mortalidade. Isso indica que a aplicação do nível de fertilizante não teve influência sobre a germinação e a emergência, o que tende a indicar que a população de plantas foi uniforme em todos os tratamentos e não houve efeito adverso sobre a cultura da soja.

5.3.2 Efeito dos níveis de fertilizante nos parâmetros de crescimento

Uma avaliação dos dados sobre os parâmetros de crescimento (Quadro 4.2 a 4.3) revelou que a fertilização com azoto aumentou notavelmente a altura da planta aos 30 e 60 DAS e a colheita, o número de ramos por planta na colheita, a produção de matéria seca. Um aumento notável na altura da planta aos 30 DAS (24,64 cm) e 60 DAS (41,82) e na colheita (48,59), número de ramos por planta na colheita (5,73) e produção de matéria seca (26,50) foram observados mais altos com a aplicação de nitrogênio 40 kg/ha do que 20, 25, 30 kg N/ha. A resposta da soja à aplicação de nitrogênio pode ser atribuída ao fato de que a adição de fertilizante melhorou a absorção de nitrogênio (Tabela 4.13), o que pode ter favorecido o crescimento da planta. É também um facto que o fornecimento adequado de azoto tende a aumentar o rendimento da biomassa. Além disso, o crescimento e o desenvolvimento de uma planta dependem, em termos mais simples, da iniciação progressiva de tecidos e órgãos primordiais e da diferenciação e expansão das células componentes até que as caraterísticas sejam realizadas. O aumento dos parâmetros de crescimento devido à aplicação de azoto é análogo aos relatados por Shafii *et al.* (2011), Sikka *et al.* (2013), Begum *et al.* (2015), Shinde *et al.* (2015), Bobrecka *et al.* (2017) e Lambon *et al.* (2018).

Os parâmetros de crescimento (Tabela 4.2 a 4.3), ou seja, altura da planta aos 30 DAS, 60 DAS e colheita, número de ramos por planta, produção de matéria seca da cultura da soja foram percetivelmente influenciados pela aplicação de fósforo. A aplicação de fósforo 80 kg/ha aumentou notavelmente a altura da planta aos 30 DAS (24,64 cm), 60 DAS (41,82) e colheita (48,59), número de ramos por planta (5,73) e produção de matéria seca (26,50), respetivamente. No geral, a aplicação de fósforo teve um melhor desempenho quando comparada com a aplicação de 40, 50 e 60 kg/ha de fósforo. Isto pode dever-se ao efeito estimulante do fósforo no crescimento e aumenta a absorção de nutrientes para um desenvolvimento rápido e influencia a disponibilidade de outros nutrientes, como o azoto e o potássio. Isto pode ser atribuído ao papel do fósforo na divisão celular, que aumenta a divisão celular dos hidratos de carbono, o que aumenta a síntese de hidratos de carbono. Estes resultados estão em estreita conformidade com as conclusões de Rana *et al.* (2012), Sikka *et al.* (2013), Yadav *et al.* (2013), Begum *et al.* (2015), Shinde *et al.* (2015), Matusso *et.al* (2015), Shinde *et al.* (2015) e Raghuveer *et al.* (2017).

Os diferentes níveis de fertilizante não manifestaram um efeito notável nos dias até à maturidade (Quadro 4.3).

5.3.3 Efeito dos níveis de fertilizante nos atributos de rendimento e rendimento

A aplicação de nitrogênio com diferentes níveis de percetibilidade aumentou os atributos de rendimento da cultura da soja (Tabela 4.4 a 4.6). A aplicação de nitrogênio 30 kg/ha aumentou notavelmente os atributos de rendimento, ou seja, o número de vagens por planta. No entanto, sementes por planta, comprimento da vagem (cm) e índice de sementes (g) não diferiram materialmente com a aplicação de 30 kg N/ha. Aumentar a aplicação de nitrogénio para aumentar o crescimento vegetativo da planta. Isto indicou que o aumento sucessivo dos níveis de azoto melhorou os atributos de rendimento. Isto pode ser atribuído ao aumento notável da absorção de azoto (Quadro 4.13) pela semente e pelo caule. Estes resultados corroboram o relatório de Magen (1997), Nastasija *et al.* (2008) e Sikka *et al.* (2013).

A produção de sementes e de palha de soja melhorou consideravelmente com a aplicação de 30 e 40 kg N/ha, o que se reflectiu percetivelmente num maior rendimento de sementes e de palha (Quadro 4.6).

Os atributos de rendimento e a absorção de azoto foram afectados positivamente devido ao nível de azoto que tendeu a aumentar a produção de sementes e de palha de soja. As conclusões são semelhantes às conclusões de Simonis e Setatou (1996), Magen (1997), Nastasija *et al.* (2008), Kang *et al.* (2012), Sikka *et al.* (2013), Bobrecka *et al.* (2017), Mali *et al.* (2017) e Lambon *et al.* (2018).

Os dados sobre o rendimento e os caracteres que atribuem rendimento como número de vagens por planta, número de sementes por vagem, comprimento da vagem e índice de sementes (Tabela 4.4 a 4.6) são apresentados aqui. Um aumento apreciável no número de vagens por planta foi notado com a aplicação de 60 kg P2O5/ha (F2) do que 80, 50 e 40 kg P2O5/ha. Os diferentes níveis de fertilizante não manifestaram efeito notável no número de sementes por vagem, comprimento da vagem e índice de sementes. A razão provável para tal resposta pode dever-se a efeitos sinérgicos e também ao facto de o fósforo ser um nutriente vegetal fascinante envolvido numa vasta gama de processos vegetais e desempenhar uma série de funções relacionadas com o crescimento e desenvolvimento das plantas, bem como com a fotossíntese e a utilização de hidratos de carbono. O fósforo assegura o amadurecimento uniforme e atempado das culturas e também participa na transformação da energia em reacções biológicas. Todos estes processos favoráveis melhoraram com a aplicação de fósforo e, finalmente, resultaram em valores mais elevados destes atributos. Estes resultados estão de acordo com os de Sikka *et al.* (2013), Yadav *et al.* (2013), Begum *et al.* (2015) e Matusso *et.al* (2015).

Significativamente o maior rendimento de semente (1719 kg/ha) foi registado sob o nível de 60 kg P2O5/ha e o rendimento de palha (2055 kg/ha) foi registado sob o nível de 80 kg P2O5/ha (Quadro 4.6) sobre 50 e 40 kg P2O5/ha. O aumento apreciável do rendimento das sementes e do caule com a aplicação de fósforo pode dever-se ao facto de ter melhorado quase todos os atributos de crescimento e rendimento juntamente com a absorção de P pelas sementes e pelo caule (Quadro 13). O fósforo é importante para o desenvolvimento inicial das raízes. O fósforo é importante para o desenvolvimento inicial das raízes, para o fabrico e translocação de material alimentar no corpo da planta, o que resultou numa melhor absorção (quadros 4.11 e 4.12) de nutrientes e, por sua vez, numa maior produção de sementes e de palha. Os resultados estão em concordância com os relatados por Mishra e Vyas (1992), Gaikwad e Puranik (1996), Kang *et al.* (2012), Sikka *et al.* (2013), Yadav *et al.* (2013), Matusso *et.al* (2015) e Luikham *et al.* (2018) no que diz respeito ao rendimento de sementes e palha de soja.

5.3.4 Efeito dos níveis de fertilizante na qualidade

Um efeito profundo e crescente no teor de óleo e rendimento, bem como no teor de proteína e rendimento, foi notavelmente observado com a aplicação de nitrogénio e fósforo (Tabela 4.7 e 4.8). Os maiores teores de óleo e proteína da soja foram observados com a aplicação individual de 40:80:0 NPK e 30:60:0 NPK kg/ha. Tendência semelhante foi observada em relação ao rendimento de óleo e proteína (kg/ha) da soja.

O fósforo é conhecido pelo seu papel vital no metabolismo das plantas e ajuda na conversão de hidratos de carbono em óleo. Fornece o mecanismo de armazenamento de energia sob a forma de ATP e a transferência dessa fonte de energia para alimentar as funções vitais da planta. A qualidade de uma cultura depende do teor de proteínas da semente, que é o principal constituinte da semente nas leguminosas. A tendência de variação do teor de proteínas foi semelhante à do teor de N, porque o teor de proteínas foi calculado multiplicando o teor de N nas sementes por 6,25. Devido ao aumento do rendimento e à melhoria da qualidade nutritiva da semente de soja, os rendimentos de proteína e óleo das sementes de soja aumentariam. Estes resultados estão mais ou menos em conformidade com os relatados por Goswami *et al.* (1991), Nagar *et al.* (1993), Chafle *et al.* (1999), Tewari e Pal (2005), Patel *et al.* (2012) e Shinde *et al.* (2015).

5.3.5 Efeito do fertilizante no teor e absorção de nutrientes

O teor de azoto, fósforo e potássio nas sementes e no caule foi sensivelmente influenciado pela aplicação de azoto (quadros 4.9 e 4.10). A aplicação de azoto 40, 30, 25 e 20 kg/ha não diferiu materialmente no teor de azoto, fósforo e potássio nas sementes e no caule da soja. Este aumento do teor de azoto, fósforo e potássio pode dever-se a um efeito favorável na disponibilidade de azoto a um nível mais elevado de azoto. Estes resultados estão em consonância com os resultados obtidos por Sikka *et al.* (2013).

A aplicação de fósforo à soja melhorou notavelmente o conteúdo de nitrogénio, fósforo e potássio na semente e no caule (quadros 4.9 e 4.10). O teor de fósforo nas sementes aumentou percetivelmente com a aplicação de fósforo 80 em relação à aplicação de fósforo 60, 50 e 40 kg/ha. Este aumento do teor de azoto, fósforo e potássio pode ser devido a um efeito favorável na disponibilidade de fósforo a um nível mais elevado de fósforo. Resultados semelhantes foram também registados por Sikka *et al.* (2013) e Shubhangi *et al.* (2014).

A absorção de nitrogênio, fósforo e potássio pela semente e pelo caule da soja (Tabela 4.11 e 4.12) aumentou notavelmente devido à aplicação de fertilizantes. A maior absorção de azoto, fósforo e potássio por sementes e palha foi obtida com 40 kg N/ha. Este aumento pode ser atribuído à influência da aplicação de azoto no crescimento e nos atributos de rendimento que resultaram num rendimento mais elevado de sementes e de palha (Quadro 4.7) e, consequentemente, numa maior remoção de azoto pelas sementes e pela palha. Os resultados estão em estreita concordância com os obtidos por Akbari *et al.* (2001), Laharia *et al.* (2004) e Morshed *et al.* (2008). P2O5

A aplicação de fósforo causou um aumento significativo na absorção de azoto, fósforo e potássio das sementes e do caule (quadros 4.11 e 4.12). A fertilização da soja com 80 kg de P2O5/ha permitiu obter uma maior absorção de azoto, fósforo e potássio, respetivamente, nas sementes e no caule, em comparação com a aplicação de 60, 50 e 40 kg/ha de fósforo. Este aumento pode ser atribuído à influência da aplicação de fósforo nos atributos de crescimento e rendimento, o que resultou num rendimento mais elevado de sementes e de palha e, consequentemente, numa maior remoção de azoto pelas sementes e pela palha. A absorção foi afetada pela produção de sementes (Quadro 4.7). Resultados semelhantes estão em linha com os relatados por Dang *et al.* (1984), Malik (1996), Tiwari e Tripathi (1997), Dubey e Agarwal, 1999, Tewari e pal (2005) Kumar *et al.* (2008), Sikka *et al.* (2013)

5.3.6 Efeito do fertilizante na eficiência do uso da água

Os resultados apresentados na (Tabela 4.19) indicaram que a eficiência do uso da água (kg/ha-mm) foi notavelmente influenciada pela aplicação de diferentes fertilizantes. Os dados indicam que a maior eficiência do uso da água (4,26 kg/ha-mm) foi observada no tratamento F2 (30-60-0 NPK kg/ha). Por outro lado, a eficiência média mais baixa do uso da água (3,34 kg/ha-mm) foi registada no tratamento F4 (20-40-0 NPK kg/ha). O aumento da eficiência do uso da água pode ser devido ao maior rendimento de grãos que foi obtido em uma aplicação F2 (30-60-0 NPK kg/ha, seguido pelo tratamento FI (40-80-0 NPK kg/ha). O que pode ter resultado na exploração de mais humidade das camadas mais profundas e, comparativamente, mais água pode ter sido utilizada pela cultura sob o nível mais elevado de azoto e fósforo, ou seja, 40-80-0 NPK kg/ha (FI) para a produção de mais matéria seca. Resultados semelhantes foram também citados por Kumar *et al.* (2000) e Gupta *et al.* (2017).

5.4 EFEITO DE INREACÇÃO

Para avaliar a reatividade (desempenho) de vários níveis de fertilizantes experimentados nos diferentes níveis de irrigação, de modo a isolar uma combinação perfeita de irrigação e nível de fertilizante, o escrutínio dos efeitos interactivos destes factores torna-se muito essencial.

O efeito de interação entre os níveis de irrigação e de fertilizante foi significativo no que diz respeito ao número de vagens por planta (Quadro 4.4.1) e à produção de sementes (Quadro 4.6.1). Os efeitos interactivos significativos estavam presentes nos seguintes casos: altura da planta aos 30, 60 DAS e na colheita, número de ramos por planta, acumulação de matéria seca por planta e peso da semente na colheita. Estes efeitos interactivos foram obtidos apesar de os níveis de irrigação e fertilizantes terem actuado independentemente para a maioria dos caracteres que contribuem para o crescimento e rendimento e, finalmente, para a produtividade da soja. Nos caracteres acima mencionados, em geral a combinação de F2 (30-60-0 NPK kg/ha) e FI (40-80-0 NPK kg/ha) nível de fertilizante com irrigações programadas em (1.0 IW/CPE ratio) ficou em primeiro lugar entre todos em fornecer melhores resultados (desempenho) em comparação com outras combinações de tratamento, favorecendo atributos de crescimento viz., altura da planta, número de ramos por planta e acumulação de matéria seca por planta e rendimento contribui caracteres e, eventualmente, o rendimento de sementes. No entanto, esta combinação de tratamentos F2 e I3 foi igual à combinação de tratamentos FI e I2. Resultados semelhantes também foram relatados por Vasimalai e Subramanian (1980), Gupta *et al.* (2017), Bhuva, H. M. (2020) e Puppala *et al.* (2021).

5.5 ECONOMIA

A análise económica deu-nos uma imagem clara do custo previsto, do lucro esperado e do seu rácio, que são informações vitais para o ponto de vista do agricultor. Este tipo de exercício torna-se ainda mais justificado num país em desenvolvimento onde a compressão dos preços de custo é suscetível de continuar inabalável durante muitos anos.

A avaliação económica dos diferentes tratamentos revelou que o retorno bruto e líquido aumentou com o aumento da programação da irrigação e dos níveis de fertilizantes (Tabela

4.21). A realização líquida máxima de ? 43,423/ha e a relação B:C de 2.07 foram obtidas sob I3 (1.0 relação IW/CPE) seguido por I2 (0.8 relação IW/CPE) com ? 35.553 por ha e 1,90, respetivamente. Os dados mostraram ainda que a F2 (30-60-0 NPK kg/ha) registou a realização líquida máxima (? 42,152/ha) e a relação B:C (2.07) comparável à F1 (40-80-0 NPK kg/ha) registou a realização líquida (? 38,413/ha) e a relação B:C (1.94).

Os dados apresentados na Tabela 4.22 revelaram que o retorno líquido máximo foi obtido sob a combinação de tratamento I3F2 seguido por I3F1 e I2F2. Da mesma forma, o rácio B:C máximo foi obtido nas combinações de tratamento I3F2 seguido de I2F2, I3F1 e I2F1. O aumento da realização líquida foi maior em comparação com outras aplicações de azoto e fósforo. Estes resultados económicos estão próximos dos obtidos por Kacha (1988), Malik (1996), Thanki *et al.* (2005), Kanojia e Sharma (2008), Sharma e Kanojia (2008), Patel *et al.* (2016).

CAPÍTULO - VI

RESUMO E CONCLUSÃO

Na agricultura moderna atual, a gestão eficiente e cuidadosa de vários recursos e factores de produção é a principal prioridade e importância. A água de irrigação e os fertilizantes são os dois factores de produção importantes que requerem uma gestão eficiente. A aplicação em excesso ou em défice de ambos os factores afecta negativamente a produtividade das culturas. Por conseguinte, é necessário fornecer estes factores de produção na quantidade certa e no momento certo, de modo a evitar perdas de água de irrigação e de fertilizantes e a aumentar a produção das culturas sem qualquer efeito nocivo ou prejudicial para a saúde do solo.

Foi realizada uma investigação durante o inverno de 2021 na Fazenda Instrucional, Departamento de Agronomia, Faculdade de Agricultura, Universidade Agrícola de Junagadh, Junagadh para estudar o **"Efeito dos níveis de irrigação e fertilidade no crescimento, rendimento e qualidade da soja de verão"** em relação ao crescimento da planta, atributos de rendimento, rendimento, qualidade, teor e absorção de nutrientes e economia. A experiência foi realizada em esquema de parcelas divididas, com três níveis de irrigação (I1: 0,6 IW/CPE, I2: 0,8 IW/CPE e I3: 1,0 IW/CPE) como tratamentos principais e quatro níveis de NPK (F1: 40-80-0 NPK kg/ha, F2: 30-60-0 NPK kg/ha, F3: 25-50-0 NPK kg/ha, F4: 20-40-0 NPK kg/ha) como tratamentos de subparcelas com três repetições. A cultura foi semeada com um espaçamento de 45 x 15 cm. A dose total de irrigação e fertilizante de acordo com os tratamentos foi aplicada na sementeira. Os resultados apresentados e discutidos no capítulo anterior estão resumidos a seguir:

6.1 EFEITO DA IRRIGAÇÃO

6.1.1 População vegetal

A população de plantas de soja foi quase uniforme aos 20 dias após a semeadura e na colheita e não foi influenciada significativamente pelos tratamentos de irrigação em estudo.

6.1.2 Atributos de crescimento

> O efeito de diferentes níveis de irrigação com base na relação IW/CPE na altura da planta aos 30, 60 DAS e na colheita, foram registadas plantas significativamente mais altas quando a soja foi irrigada com uma relação IW/CPE de 1,0 (I3) e a par com I2 (relação IW/CPE de 0,8).

> Da mesma forma, foi registado um número significativamente maior de ramos e produção de matéria seca por planta na colheita no tratamento I3 (1,0 relação IW/CPE) em comparação com o tratamento I2 (0,8 relação IW/CPE). No entanto, o tratamento I1 (0,6 IW/CPE ratio) produziu o menor número de ramos e produção de matéria seca por planta.

> Os níveis de irrigação não exerceram um efeito significativo nos dias de maturação.

6.1.3 Atributo de rendimento e rendimento

> Entre os diferentes níveis de irrigação, o tratamento I3 (1,0 relação IW/CPE) registou um número significativamente mais elevado de vagens por planta, seguido do tratamento I2 (0,8 relação IW/CPE). Enquanto que o valor mais baixo de número de vagens por planta foi registado no tratamento I1 (0.6 IW/CPE ratio).

> Entre os diferentes níveis de irrigação, o tratamento I3 (1,0 relação IW/CPE) registou valores significativamente mais elevados de rendimento de sementes e de palha do que o tratamento I1 (0,6 relação IW/CPE), seguido do tratamento I2 (0,8 relação IW/CPE),

> Os diferentes níveis de irrigação não afectaram significativamente o número de sementes por vagem, o comprimento da vagem, o índice de sementes e o índice de colheita da cultura de soja de verão.

6.1.4 Parâmetro de qualidade

- Entre os diferentes níveis de irrigação, o tratamento I3 (1,0 relação IW/CPE) registou valores significativamente mais elevados de rendimento de óleo do que o tratamento I1 (0,6 relação IW/CPE), seguido do tratamento I2 (0,8 relação IW/CPE),
- Os diferentes níveis de irrigação não afectaram o teor de óleo, o teor de proteínas e o rendimento proteico.

6.1.5 Estudos de humidade

- O teor de humidade do solo antes da rega foi influenciado pelos diferentes níveis de rega. O teor de humidade do solo mais elevado foi registado no tratamento I3 (1,0 relação IW/CPE) seguido do tratamento I2 (0,8 relação IW/CPE). Enquanto que o menor teor de humidade do solo antes da irrigação foi registado no tratamento I1 (0,6 IW/CPE ratio). Os níveis de irrigação não tiveram resultados significativos no teor de humidade do solo após a irrigação.
- A eficiência média do uso da água foi influenciada pelos diferentes níveis de irrigação. A maior eficiência de utilização da água foi observada no tratamento I1 (rácio 0,6 IW/CPE) seguido do tratamento I2 (rácio 0,8 IW/CPE). Enquanto que a menor eficiência no uso da água foi registada no tratamento I3 (1,0 IW/CPE ratio).

6.2 EFEITO DOS NÍVEIS DE FERTILIZANTES

6.2.1. Efeito do azoto

- A aplicação de azoto a diferentes níveis não manifestou um efeito significativo na população de plantas na fase inicial e na colheita.
- A fertilização da cultura com 40 kg N/ha aumentou significativamente os parâmetros de crescimento, como a altura da planta aos 30, 60 DAS e na colheita, o número de ramos por planta e a produção de matéria seca na colheita.
- O número de vagens por planta, o número de sementes por vagem, o comprimento das vagens, o peso das sementes por planta e o índice de sementes foram positivamente afectados pela aplicação de azoto. A aplicação de 30 kg de N/ha aumentou significativamente o número de vagens por planta, sendo estatisticamente igual a 40 kg de N/ha.
- A soja fertilizada com nitrogénio 30 kg/ha registou significativamente o maior rendimento de sementes (1719 kg/ha) e 40 N kg/ha registou o rendimento de palha (2184 kg/ha) da soja. As aplicações de 30 e 40 kg/ha de azoto são estatisticamente comparáveis entre si.
- Os diferentes níveis de aplicação de azoto não tiveram um efeito significativo no índice de colheita da soja de verão.
- O teor de óleo e proteína nas sementes de soja melhorou com o aumento do nível de azoto. O maior rendimento de óleo de sementes de soja foi registado com a aplicação de 40 kg/ha de azoto, seguido de 30 kg N/ha.
- A aplicação de 40 kg/ha de azoto melhorou significativamente a absorção de azoto, fósforo e potássio pelas sementes e pelo caule, seguida de 30 kg N/ha.
- O estado do azoto, fósforo e potássio disponíveis no solo após a colheita da soja aumentou significativamente com a aplicação de 40 kg N/ha, em comparação com 30 kg N/ha.

6.2.2. Efeito do fósforo

- A população de plantas no início e na colheita não foi afetada pelos diferentes níveis de fósforo.
- A aplicação de fertilizante de fósforo na cultura da soja 80 kg/ha aumentou significativamente a altura das plantas aos 30, 60 DAS e na colheita, o número de ramos por

planta e a produção de matéria seca na colheita em comparação com 60 kg P/ha.

> Os atributos de rendimento, ou seja, o número de vagens por planta, 60 kg P_2 O5/ha, apresentaram melhor resposta com a aplicação de fósforo. O comprimento da vagem, o índice de sementes e o número de sementes por vagem não diferiram devido à aplicação de fósforo.

> O fertilizante de fósforo aplicado a 60 kg/ha registou significativamente o maior rendimento de sementes (1719 kg/ha) e 80 P2O5 kg/ha registou o maior rendimento de palha (2184 kg/ha) de soja. A aplicação de 60 e 80 kg/ha de fósforo é estatisticamente comparável entre si.

Diferentes níveis de aplicação de fósforo apresentaram efeito não significativo no índice de colheita da soja de verão.

A semente de soja produziu um rendimento de óleo significativamente mais elevado (kg/ha) com a aplicação de 80 kg de P_2 O/ha, comparável a 60 kg de P2O/ha, em comparação com 40 e 50 kg de P2O5/ha de aplicação de fósforo. Enquanto que o teor de óleo (%), o teor de proteína (%) e o rendimento (kg/ha) extraído não foram significativos para a aplicação de fósforo 40, 50, 60 e 80 kg/ha.

^ A aplicação de fósforo a diferentes níveis teve um efeito significativo no fósforo na semente. Efeito inconsistente no teor de azoto e potássio (%) nas sementes e no teor de NPK no caule. No entanto, a aplicação de fósforo 80 kg P2O/ha registou uma maior absorção de azoto, fósforo e potássio pelas sementes, bem como pelo caule, seguida de 60 kg P2O/ha, em vez de 50 e 40 kg P2O5/ha de aplicação de fósforo.

6.3 EFEITO DE INTRACÇÃO

> Os dados do presente estudo, tal como referido no capítulo anterior, revelaram que o efeito de interação entre os níveis de irrigação e de fertilizantes não foi significativo no que diz respeito aos parâmetros de crescimento, atributos de rendimento, qualidade e teor e absorção de nutrientes.

> Considerando que foram encontrados resultados significativos no caso do número de vagens por planta e do rendimento de sementes de soja.

> A aplicação de I3F2 (1,0 IW/CPE + 30-60-0 NPK kg/ha) registou um número significativamente mais elevado de vagens por planta e de rendimento de sementes. No entanto, o valor mais baixo foi encontrado no caso do tratamento I1F4 (0,6 IW/CPE + 20-40-0 NPK kg/ha).

6.4 ECONOMIA

> O maior retorno líquido de ? 43.423 por ha e uma relação B: C de 2,07 foi alcançado quando a soja foi irrigada com I3 (1,0 relação IW/CPE), seguido de perto por I2 (0,8 relação IW/CPE) com um retorno líquido de ? 35.553 por ha e uma relação B: C de 1,90.

> O maior retorno líquido de ? 42.152 por ha e razão B: C de 2,07 foi alcançado quando a soja foi irrigada com F2 (30-60-0 NPK kg/ha) que foi seguido de perto por F1 (40-80-0 NPK kg/ha) com um retorno líquido de ? 38.413 por ha e razão B:C de 1,94.

> O retorno líquido máximo de ? 52.276 por ha sob a combinação de tratamento I3F2 e que foi seguido de perto por I2F2 com um retorno líquido de ? 48.309/ha. O rácio B: C máximo de 2,29 foi obtido com a combinação de tratamentos I3F2, seguido por I2F2 com um rácio B: C de 2,23.

BIBLIOGRAFIA

A.O.A.C. 1965. Official Method of Analysis. *Association of Official Analytical Chemists*, 1608, Broadnon Drive, Champaign, Illinois, EUA.

Abbasi, M. K.; Tahir, M. M.; Abbas, A. Z. e Rahim, N. 2012. Rendimento da soja e composição química em resposta à nutrição de fósforo e potássio na Caxemira. *Agronomy Journal*, **104**(5):1476-1484.

Akbari, K. N.; Sutaria, G. S.; Hirpara, D. S. e Yusufzai, A. S. 2001. Resposta da soja à fertilização com NP em solos negros médios sob condições de chuva em Saurashtra. *Legume Research*, **24**(1):1-5.

Akter, F.; Islam, M. N.; Shamsuddoha, A. T. M.; Bhuiyan, M. S. I e Sonia. S. 2013. Efeito do fósforo e do enxofre no crescimento e rendimento da soja (*Glycine Max* L.). *Revista Internacional de Bio-recursos e Gestão do Stress,* **4**(4):556-56.

Aminah, A.; Abdullah, A.; Nuraeni, N.; Marliana S.; Palad e Rosada, I. 2020. Eficácia da gestão da água para a preservação da humidade do solo na soja. *Revista Internacional de Agronomia*, **21**(5):227-228.

Anónimo. 2020a. Área distrital, produção e rendimento de importantes culturas alimentares e não alimentares no estado de Gujarat, Índia. Directorate of Agriculture, Gandhinagar. http://dag.gujarat.gov.in/, acedido em 26 de março de 2021.

Anónimo. 2021. Produção Agrícola Mundial. Departamento de Agricultura dos Estados Unidos. Foreign Agricultural.

Anónimo. 2021. Direção de Economia e Estatística, Departamento de Agricultura, Cooperação e Bem-Estar dos Agricultores, Ministério da Agricultura e do Bem-Estar dos Agricultores. Governo da Índia. Nova Deli. http://eands.dacnet.nic.in/, acedido em 26 de março de 2021.

Anónimo. 2004. Manitoba Soil Fertility Guidelines (Diretrizes de Fertilidade do Solo de Manitoba). Potassium Manitoba Agriculture, *Food and Rural Initiatives*, acedido em 26 de fevereiro de 2022.

Bachchhav, S. M.; Jadhav. A. S. e Bote. N. L. 1993. Effect of irrigation and nitrogen on yield, nitrogen uptake and consumptive use of water by summer greengram (*Phaseolus radiates*). *Indian Journal of Agronomy*, **63**(6):372-374.

Bahrani e Pourreza. 2016. Efeito da irrigação alternada por sulco e do fertilizante potássico na produtividade das sementes, na eficiência do uso da água e nos ácidos graxos da colza. IDESIA. **34**:35-41.

Begum, A.; Islam, A.; Ahmed, Q. M. e Rahman, M. 2015. Efeito do nitrogênio e fósforo no crescimento e desempenho produtivo da soja. *Um par de acesso aberto Reviewed Journal*, **2**(1):35-42.

Bhadoria. 2018. Efeito da fertilidade do solo e da irrigação no uso da água, produtividade e absorção de nutrientes no grão-de-bico (*Cicer arietinum*) na zona Gird de Madhya Pradesh. *Annals of Plant and Soil Research,* **20**(1):22-25.

Bhadoria, R. B. e Bhadoria, H. S. 2002. Effect of irrigation on growth and yield of guar and mung under semiarid conditions. *Indian journal of soil science*, **30**(1):46-48.

Bharambe, P. R.; Oza, S. R.; Shelke, D. K. e Jadhav, G. S. 1999. Effect of Irrigation on crop productivity and soil-plant water relation in *soybean-rabi* sorghum cropping system. *Journal of the Indian Society of Soil Science*, **47**(4):689- 694.

Bhuiya e Chowdhary. 1974. Effect of N, P, K and S on the protein and oil content of ground nut grown in Brhamaputra flood Plain Soil. *Indian Journal of agricultural Science*, **44**(11):751-754.

Bhuva, H. M. 2020. Produtividade, absorção de nutrientes, fertilidade do solo e padrão de extração de umidade do feijão cluster de verão (*Cyamopsis tetragonoloba*) influenciado pelos níveis de irrigação e fertilidade, *Indian Journal of Agronomy*, **64** (3): 386-392.

Bobrecka, Jamro D.; Jarecki, W. e Buczek, J. 2017. Resposta da soja a diferentes níveis de fertilização nitrogenada. *Journal of Elementology*, **23**(2):559- 568.

Chafle, B. S.; Barkar, D. K.; Vishwakarma, V. R. e Narkhede, A. N. 1999. Resposta da soja ao fertilizante fosfatado em solo de algodão preto. *Journal of Soils and Crops*, **9**(1):127-129.

Chaudhary, V. J.; Patel, B. J. e Patel, K. M. 2015. Resposta do amendoim de verão (*Arachis hypogaea* L.) à programação da irrigação e fontes de nitrogênio nas condições do norte de Gujarat. *Trends in Biosciences*, **8**(5):1310- 1313.

Chauhan, G. S. e Joshi, O. P. 2005. Soybean (*Glycin max* L.) the 21st century crop. *Indian Journal of Agricultural Sciences,* **75:**461-469.

Chavan, S. A. 1997. Resposta da soja de clima quente [*Glycine max* (L.) Merrill] a níveis de irrigação, fertilizante e cobertura morta nas condições do sul de Gujarat. Tese de Mestrado (Agri.) apresentada à Universidade Agrícola de Gujarat, Sardar Krishinagar (não publicada).

Chouhan, B. S.; Kaushik, M. K.; Nepalia, V.; Solanki, N. S.; Singh, B.; Devra, N. S. e Kumar, A. 2017. Efeito dos métodos de sementeira, programação da irrigação com base na relação IW/CPE e controlo químico de ervas daninhas na altura das plantas, acumulação de matéria seca e rendimento do trigo. *Journal of Pharmacognosy and Phytochemistry*, **6**:169-172.

DAFF. 2010. Diretrizes para a produção de soja. Departamento de Agricultura, Florestas e Pescas, RSA, DPP. Disponível em: daff.gov.za.

Dang, Y. P.; Varma, K. S.; Pannu, B. S. e Kaushik, R. D. 1984. Effect of nitrogen and phosphorus on dry matter, yield and their concentration and uptake in soybean. *Agricultural Science Digest*, **4**(2):74-76.

Daniel. W. S c Grande, V. G. 2002. Efeito de uma única irrigação em diferentes estágios de crescimento reprodutivo da soja (*Glycine max* L.) plantada no início e no final de junho. *Ciências da Irrigação*, **21**:69-73.

Das, M.; Behera, B. S.; Behera, A. C. e Behera, R. A. 2013. Programação de irrigação baseada no clima no amendoim de verão em Odisha. *International Journal of Agricultural Science and Research*, **5**:247-260.

De, P. S., Bhale, V. M., e V. A. Khadse. (2013). Qualidade e economia do gergelim de verão (*Sesamum indicum* L.) como influenciado pelos níveis de irrigação e nutrientes. *International Journal of Bio-resource and Stress Management*, **4**(2):369-371.

Deewan, P., Meena, M., Regar K. L e Verma, R. (2015). Efeito dos horários de irrigação (rácios IW/CPE) e reguladores de crescimento de plantas no crescimento, rendimento e atributos de rendimento do clusterbean de verão. *Economia e Conservação Ambiental,* **21**(1):243-247.

Demirtas, C., Senih, Y., Burak, N. C., Mehmet, S., Hakan, B. e Abdurrahim, T. G. (2010). Resposta de qualidade e rendimento da soja [*Glycine max* L. (Merrill)] ao stress da seca em ambiente sub-húmido. *Jornal Africano de Biotecnologia,* **41**(9):6873-6881.

Dhage, S. J., Patil, V. D. e Patange, M. J. (2014). Efeito de vários níveis de fósforo e enxofre no rendimento, teor de nutrientes das plantas, absorção e disponibilidade de nutrientes nas fases de colheita da soja [*Glycine max* (L.)]. *International Journal Current Microbiological*

Applied Science, **3**(12):833-844.

Dhaker, R. C., Dubey, R. K., Tiwari, R. C. e Dubey, S. K. (2016).Utilização da água, rendimento e economia do feno-grego (*Trigonella foenum-graecum* L.) sob diferentes rácios IW/CPE e níveis de fertilizantes no Sudoeste do Rajastão. *Legume Research*, 1-5.

Donald, C. M. e Hamblin, J. (1976). O rendimento biológico e o índice de colheita dos cereais como critérios agronómicos e de melhoramento vegetal. *Avanços em Agronomia*, **28**:361-405.

Dubey, S. K. e Agarwal, S. (1999). Effect of phosphate solubilizing microorganisms as single and composite inoculants on rainfed soybean in Vertisol. *Indian Journal of Agriculture Science*, **69**(8):611-613.

Elamathi. S e Sing, S. D. (2001). Efeito do manejo da irrigação na fisiologia e produtividade da soja (*Glycine max* L.). *Indian Journal of Agronomy*, **46**(1):145- 150.

Foroud, N., Mundel, H. H., Saindon, G. e Entz, T. (1993). Effect of level andtiming of moisture stress on soybean (*Glycine max* L.) yield protein and oil responses. *Journal of Field Crops Research,* **31**(3):95-209.

Gaikwad, S. S. e Puranik, R. B. (1996). Efeito da torta de lama (PMC) e do fertilizante no rendimento e na absorção de nutrientes secundários pela soja (*Glycine max*) em entisol. *Journal Soils and Crops*, **6**(2):190-193.

Gharpinde, B., Gabhane, V. V., Nagdeve, M. B., Sonune, B. A. e Ganvir, M. M., (2014). Efeito do manejo integrado de nutrientes na fertilidade do solo, balanço de nutrientes, produtividade e economia da soja em um inceptisol da região semi-árida de Maharashtra. *Karnataka Journal of Agricultural Science*, **27** (3): 303-307.

Goswami, S. P., Sacchidan, B., Dubey, A. N e Upadhyay, A. K. (2019). Efeito dos níveis de fósforo nas propriedades eletroquímicas, crescimento, rendimento e qualidade da soja [*Glycine Max* (L.)]. *Anais da Pesquisa Agrícola*, **40**(2):1-7.

Goswami, S. R., Shinde, D. e Khandwe, R. (1991). Effect of phosphate levels and their method of application on yield and oil content of soybean. *Journal of Oilseed Research*, **8**(1):93-97.

Gupta, S., kushwa, S. S., sharma, R. K., e singh, O. P. (2017). Efeito dos regimes de irrigação e níveis de nutrientes no crescimento, rendimento e qualidade da fava irrigada por gotejamento (*Vicia faba*). *Indian Journal of Agricultural Sciences,* **87**(10):1314-90.

Idnani, L. K. e Gautam, H. K. (2008). Economia de água no Greengram de verão (*Vigna radiate*) influenciada pelo regime de rega e pelas configurações do terreno. *Jornal Indiano de Ciências Agrícolas*, **78**(3):214-219.

Jackson, M. L. (1974). Soil Chemical Analysis. Prentice Hall of India Pvt. Ltd., Nova Deli.

Jahangir, A. A., Mondal, R. K., Nada, K., Sarker, M. A. M., Moniruzzaman, M. e Hossain.
M. K. (2009). Resposta de diferentes níveis de azoto e fósforo no grão, rendimento, qualidade do óleo e absorção de nutrientes da soja. *Bangladesh Journal of Scientific and Industrial Research*, **44**(2):187-192.

Jana, P. K., Sounda, G. e Singh, M. T. (1984). Effect of soil moisture tension and weed control on yield, evapotranspiration, consumptive use and moisture extraction pattern by soybean. *Indian journal of agricultural science*, **54**(1):61-63.

Jones, G. D., Lutz, J. A. e Smith, T. J. (1977). Effects on phosphorus and potassium on soybean nodules and seed yield (Efeitos do fósforo e do potássio nos nódulos da soja e na produção de sementes). *Agronomy Journal*, **69**(2):1003-1006.

Kacha, R. P. (1988). Resposta da soja [*Glycine max* (L.) Merrill] ao espaçamento entre linhas e níveis de fertilidade NP. M. Sc. (Agri.), Tese (não publicada) submetida à G. A. U., S. K.

Nagar.
Kang, J. S., Singh, A. e Kaur, M. (2012). Estudos sobre o crescimento e o rendimento da soja [*Glycine max* (L.) Merrill] sob diferentes métodos de plantio e níveis de fertilidade. *Legume Research*, **35**(3):265 267.
Karande, B. I., Patel, H. R., Patil, D. D., Yadav, S. B. e Lunagaria, M. M. (2019). Influência dos regimes de irrigação, espaçamento entre linhas e variedades na partição de biomassa no feijão mungo de verão (*Vigna radiate* L.) na zona agroclimática do meio de Gujarat. *Jornal Internacional de Microbiologia Atual e Ciências Aplicadas,* **8**(8):3083-3090.
Kolpe, B. A e Bodake, P. S. (2017). Qualidade, rendimento e economia da soja de verão, influenciados pelo efeito de interação da gestão integrada de nutrientes e níveis de potássio. *Revista Internacional de Pesquisa e Tecnologia Aplicada,* **2**(2):153-156.
Kotadiya, P. B., Hirpara, D. S., Vekariya, L. C., e Kanjiya. H. N. (2021). Resposta do amendoim de verão (*Arachis hypogaea* L.) ao nível de irrigação e anti-transpirante na qualidade, parâmetros do solo e economia. *The Pharma Innovation Journal*, **10**(10):315- 317.
Kumar, A. P, Maragatham, N., Panneerselvam, S., Ramanathan, S. e Jeyakumar. (2017). Necessidade de água do amendoim sob diferentes sistemas de consórcio e WUE em taxa equivalente de amendoim. *The Pharma Innovation Journal*, **6**(11):322-325.
Kumar, A., Reena, Sharma, J. P. e Kumar, J. (2008). Effect of phosphorus and seed rate on growth and productivity of bold seeded kabuli chickpea in subtropical Kandi areas of Jammu and Kashmir. *Journal of Food andLegume* Crops, **23**:44-46.
Kumar, L. S., Radder, B. M., Malligawad, H. e Manasa, V. (2014). Efeito dos níveis e rácios de azoto e fósforo no rendimento e absorção de nutrientes pelo amendoim na zona de transição norte de Karnataka. *An International Quarterly Journal of life Science*, **9**(4):1561-1564.
Kumar, P., Maragatham, N., Panneerselvam, S., Ramanathan, S., e kumar, P. (2000). Necessidade de água do amendoim sob diferentes sistemas de consórcio e WUE em taxa equivalente de amendoim. *The Pharma Innovation Journal*, **6**(11):322-325.
Kumawat, S. M., Dhakar, L. L. e Maliwal. P. L. (2000). Effect of irrigation regimes and nitrogen on yield oil content and nutrient uptake of soybean. *Indian Journal of Agronomy*, **43**(2):361-366.
Kumbhar, N. M., Patel, J. S., Gediya, K. M., Suryawanshi P. K e Patel C. J. (2015). Influência da programação da irrigação (relação IW / CPE) e enxofre na produtividade, qualidade e economia do feijão-guandu *rabi* (*Cajanus cajan* L.). *Legume Research*, **38**(5): 643-645.
Lad, N. G., Patange, M. J. e Dhage, S. J. (2014). Efeito dos níveis de nitrogênio e fósforo no crescimento, caracteres de atribuição de rendimento, rendimento e economia do feijão francês (*Phaseolus vulgaris* L.). *Revista Internacional de Ciência Microbiológica e Aplicada Atual*, **12**(3): 822-827.
Laharia, G. S., Rane, P. V., Bhoyar, B. e Hiware, J. S. (2004). Effect of different levels of N on soybean grown on typichaplustert, *Ann Plant Physiol,* **18**(1):31-36.
Lambon, J. B., Addo, J. S. e kombiok, J. M. (2018). Resposta de crescimento e rendimento da soja [*Glycine max* (L.) Merrill] à inoculação e aplicações de fertilizantes n iniciais, *Ghana Journal of Agriculture Science*, **52**(2):55-67.
Lokhande D, Jayewar N, Mundhe A.(2018) Produtividade do amendoim de verão (*Arachis hypogaea* L.) influenciada pela programação da irrigação: Uma abordagem climatológica. *Revista Internacional de Microbiologia Atual e Ciências Aplicadas*, (6):87-91.
Lone, B. A., Hasan, B., Ansar. S. e Khanday. B.A. (2009) Efeito da taxa de sementes, do

espaçamento entre linhas e dos níveis de fertilidade no crescimento e na absorção de nutrientes da soja (*Glycine max*. L.) em condições temperadas. *ARPN Journal of Agricultural and Biological Science*, **4**(3):1990-6145.

Luikham, E., Kumar. K e Anal P. S. (2018). Influência do fósforo no rendimento e na qualidade de variedades promissoras de soja em condições de sequeiro. *Agricultural Science Digest,* **38**:65-67.

Magen, H. (1997), IPI Activity in India Summary report for 1993-1997: Results from field experimentation and description of promotional activity, outubro de 1997. *Instituto Internacional da Potassa*: 33-38.

Maheshbabu, H. M., Hunje, R., Patil, N. K. B. e Babalad, H. B. (2008). Efeito dos adubos orgânicos no crescimento das plantas, na produção de sementes e na qualidade da soja. *Karnataka Journal of Agricultural Science*, **21**(2):219-221.

Maheswari, J., Maragatham, N. e Martin, G. J. (2007). A programação de irrigação relativamente simples e a aplicação de N aumentam a produtividade do arroz aeróbico (*Oryza sativa* L.). *American Journal of Plant Physiology*, **2**:261-268.

Mahmowd, M. W. Sedeck, F., Khafagy, E. E. E. e Mosaad, I. S. M. (2016). Efeito de n, p e k aplicados no rendimento, qualidade e absorção de nutrientes do amendoim em solos arenosos. *Jornal de Ciência do Solo e Engenharia Agrícola,* **8**(5):6141-6154.

Mahrous, N. M., Mahmoud, G. O., Safina, S. A. e El-Haggan, E. A. M. (2016). Efeito das quantidades de irrigação e fertilização no rendimento e qualidade da soja. *Journal of Plant Production*, **5**(1):1-11.

Mali, D. V.,Jadhao, S. D.,Sonune, B. A., Lokya, T., Gore, R. P., Jadhao, S. M e Konde, N. M. (2017). Efeito de vários níveis de potássio no rendimento da soja e no estado dos nutrientes do solo no campo do agricultor em vertisols. *Revista Internacional de Estudos Químicos,* **5**(5):688-691.

Malik, S. M. (1996). Resposta da soja de verão (*Glycine max* L.) ao espaçamento entre fileiras e aos níveis de azoto e fósforo sob verticustocrosta do sul de Gujarat. Tese de Mestrado (Agri. apresentada a S. K. Nagar).

Mamatha, N., Shaker, K. C., Padmaja, G. e Reddy, M. M. (2018). Influência da aplicação de nitrogênio e enxofre no rendimento e na qualidade da soja (*Glycine max* L.), *International Journal of Current Microbiology and Applied Sciences*, **7**(12):3452- 3457.

Mandeewal, R. L., Soni, M. L., Gulati,I. J., Shivran, H., Kumar, R. e Choudhary, R. (2020). Efeito da irrigação e dos níveis de nitrogênio no conteúdo de nitrogênio, absorção e produtividade do clusterbean (*Cyamopsis tetragonoloba*) no IGNP Stage- III. *International Journal of Current Microbiology and Applied Sciences*, **9**(11): 15281533.

Mansur, C. P., Palled, Y. B., Halikatti, S. I., Chetti, M. B. e Salimath, P. M. (2010). Padrão da área foliar, largura da copa e produção de matéria seca no grão-de-bico, influenciado pelas datas de sementeira e níveis de irrigação. *Karnataka Journal of Agricultural Sciences*, **23**:635-637.

Matusso, Materusse, J. M. e Daniel, F. G. (2015). Resposta da soja [*Glycine max* (L.) Merrill] a taxas de adubação com fósforo em ferralsolos. *Revista de Pesquisa Acadêmica de Ciência e Pesquisa Agrícola,* **10**(3):281-288.

Meena, S., Yadav, R., Ram, B., Yadav, V., Yadav, S. L., Sharma, M. K. e Meena, A. (2021). Efeito dos horários de irrigação e alterações do solo no crescimento e conteúdo de nutrientes e absorção de soja sob vertisols do sudeste do Rajastão. *The Pharma Innovation Journal*, **10**(2):1298-1302.

Megharani, P., Rathod, S., Dodamani, B. M., Patil, D. H. e Patil, R. P. (2020). Crescimento, produtividade e economia do feijão-guandu como influenciado pelos níveis de irrigação e sistemas de cultivo sob irrigação por gotejamento. *Journal ofPharmacognosy and Phytochemistry,* **9**:761766.

Mishra, C. M. e Vyas, M. D. (1992). Response of soybean (*Glycine max* L.) varieties to fertilizer application in tribal area of Madhya Pradesh. *Indian journal of agronomy,* **37**(2):368-370.

Morshed, R. M., Rahman, M. M e Rahman, M. A. (2008). Efeito do azoto no rendimento das sementes, teor de proteínas e absorção de nutrientes da soja (*Glycine max* L.). *Journal of Agriculture & Rural Development,* **6**(1-2):13-17.

Mrkovacki, N., Marikovic, J e Acimovic, R. (2008). Efeito da Aplicação de Fertilizante N no Crescimento e Rendimento da Soja Inoculada. *Notulae Botanicae Horti Agrobotanici Cluj-Napoca.* **36**(1):2008, 48-51.

Nagar, R. P., Mali G. C. e Lal, P. (1993). Efeito de P e S no rendimento e composição química da soja em vertisols. *Journal of Indian Society Soil Science,* **41**(2):385-386.

Nanda, P e Ambast, S. K. (2016). AICRP sobre Gestão da Água de Irrigação ICAR- Instituto Indiano de Gestão da Água Bhubaneswar. Publicação ICAR-IIWM n.º 78.

Naresha, R., Laxminarayana, P., Devi, K. B. e Sailaja, V. (2018). Qualidade, rendimento e economia do amendoim *Rabi,* influenciados pela programação da irrigação e pelos níveis de fosfogesso. *Revista Internacional de Ciência de Aplicação Microbiológica Atual,* **7**(3):3292-3303.

Niraj. V. P. e Prakash. V. (2014). Efeito do fósforo e do enxofre no crescimento, rendimento e qualidade do blackgram (*Phaseolus mungo* L.) *An Asian Journal of Soil Science,* **9**(1):117-120.

Nziguheba, G., Palm, C. A., Buresh, R. J. e Smithson, P. C. (1998). Frações de fósforo no solo e adsorção como afetadas por fontes orgânicas e inorgânicas. *Plant and Soil,* **98**:159-168.

Olsen, S. R., Cole, C. V., Watanabe, F. S. e Dean, L. A. (1954). Estimativa do fósforo disponível nos solos por extração com $NaHCO_3$. Circular USDA, pp. 939.

Panse,V. G e Sukhatme, P. V. (1967). Statistical Methods for Agricultural Workers. ICAR Publication, New Delhi.

Parihar, S. S., Gujri, P. R. e Narang, R. S. (1974). Planeamento da rega para o trigo utilizando a evaporação da panela. *Indian Journal of Agricutural Sciences,* **44**(9):567- 571.

Parihar, S. S., Pandey. D., Verma, V. K., Shukla, R. K., e Pandya, K. S. (1999). Scheduling irrigations for summer groundnut (*Arachis hypogaea*). Indian *Journal of Agronomy,* **44**(1):144-147.

Patel G, Patel P e Patel P. (2008a).Rendimento, eficiência do uso da água e padrão de extração de humidade do amendoim de verão influenciados por calendários de irrigação, níveis e fontes de enxofre. *Journal of SAT Agricultural Research* (revista de acesso livre publicada pelo ICRISAT). **6**:1-4.

Patel, A. G., Patel, B. S. e Patel, P. H. (2010). Efeito da programação da irrigação e do tempo de aplicação de nitrogênio na produtividade e rentabilidade do feijão francês no norte de Gujarat. *Journal of Food Legume,* **23**:47-49.

Patel, A. P., Patel, D. B., Chaudhary, M. M., Parmar, P. N. e Patel H. K. (2016). Influência da programação da irrigação com base na relação IW: CPE e níveis de enxofre no crescimento e rendimento da grama verde *rabi* [*Vigna radiata* (L.) Mills]. *Jornal de Microbiologia Pura e*

Aplicada, **10**(1):795-798.

Patel, C. (2008). Efeito de diferentes calendários de rega e reguladores de crescimento no feijão-frade de verão (*Vigna ungiculata*). Tese de Mestrado (2008) apresentada à A.A.U., Gujarat.

Patel, G. N., Patel, P. T., e Patel, P. H (2008b). Rendimento, eficiência do uso da água e padrão de extração de humidade do blackgram de verão influenciados por calendários de irrigação, níveis e fontes de enxofre. *Journal of SAT Agricultural Research,* **12**(2):25-45.

Patel, H. B. Shah, K. A. e Patel, K.H. (2019). Resposta do greengram a diferentes níveis de fósforo e fertilizante líquido orgânico no rendimento, qualidade, teor de nutrientes e absorção. *Revista Internacional de Microbiologia Atual e Ciências Aplicadas*, **8**(4):2319- 7706.

Patel, I. C., Patel, B. S., Patel, M. M., Patel, A. G. e Tikka, S. B. S. (2005). Efeito das variedades, níveis de irrigação e datas de sementeira no rendimento e retorno monetário do feijão-frade de verão nas condições do Norte de Gujarat. *Indian Journal of Pulse Research*, **18**(2):217-218.

Patel, M. P., Richhariya, G. P., Sharma, R. D. e Namdeo, K. N. (2012). Efeito dos níveis de fertilidade no crescimento, rendimento e qualidade dos genótipos de soja (*Glycine max* L. Merrill). *Crop Research*, **44**(1 e 2):68-70.

Piper, C. S. (1950). Soil and Plant Analysis, International Science Publisher Inc., NewYork.

Prabhakaran, N. K. e Lourduraj, A. C. (2004). Abordagem climatológica para a programação da irrigação na soja - uma revisão. *Agricultural reviews*, **25** (3):225-230.

Prabhankar N. K. (2003) Influence of irrigation on water use in soybean soybean [*Glycine max* (L.) Merril.] *Madras Agricultural Journal*, **90**(1-3):60-65.

Puppala, S., Akula, B., Reddy, K. I. e Jaya, T. S. (2021). Variação na acumulação de matéria seca e índices de crescimento da mostarda influenciada por regimes de irrigação e níveis de fertilizantes. *The Pharma Innovation Journal*, **10**(7):838- 841.

Raghuveer, J. A., Hosmath, Keerti e Chandranath, H. T. (2017). Efeito de diferentes níveis de nitrogênio e fósforo no parâmetro de crescimento e rendimento da soja (*Glycine max* L.). *Revista internacional de ciência pura e biociência*, **5**(4):686-690.

Rajput. R. L., Kaushik. J. P. e Shrivastava, U. K. (1993). Crescimento e rendimento da soja influenciados pela irrigação, fósforo e densidade de plantas. *Journal of Water Management*, **1**(1):33-34.

Ramesh, P. e swamy, G. N. (1992). Resposta da soja a diferentes calendários de irrigação. *Indian Journal of Agronomy*, **37**(1):190-192.

Rana, M., Lahoty, P. e Sharma, N. (2012). Efeito dos níveis de PSB, Rhizobium e fósforo nos parâmetros de crescimento e na relação custo-benefício da soja (*Glycine max* L Merrill.). *Journal of Industrial Pollution Control*, **3**(2): 80- 85.

Rana, S. S., Kumar. Sanjay e Saini, S. K. (2005). Efeito da programação da irrigação no desempenho de leguminosas de verão cultivadas em associação com a cana-de-açúcar. *Indian Journal of Agronomy*, **50**(4):281-284.

Rao, G. S. S. e Reddy, T. R. (1990). Efeito da irrigação e dos níveis de azoto nos componentes do rendimento e no rendimento da soja *Rabi. Journal of Research APAU.* **18**(1):52- 53.

Richards, L. A. 1954. Diagnosis and Improvement of Saline and Alkali Soils (Diagnóstico e Melhoramento de Solos Salinos e Alcalinos). USDA Hand book No. 60, Washington D.C., EUA.

Sabale, P. T. (1994). Resposta de cultivares de soja (*Glycine max* (L.) Merrill) a níveis de irrigação em condições de verão. Tese de Mestrado (Agri.). Mahatma phule krishi vidyapeeth, Rahuri.

Sentimenla, Singh, A. K. singh, M e gupta, R. C. (2013). Efeito do fósforo e boro no potencial de produção, rentabilidade e índices de eficiência da soja. *Soybean Research*, **11**(2):79-85.

Shafii, F., Ali, E., Sajed, K. e Amir, E. (2011). Resposta da soja ao fertilizante azotado em condições de défice hídrico. *Jornal Africano de Biotecnologia*, **10**(16):3112-3120.

Shahid, M. Q., Saleem. M. F., Khan. H. Z., e Anjum. S. A. (2009). Desempenho da soja (*Glycine max* L.) sob diferentes níveis de fósforo e inoculação. *Pakistan Journal of Agriculture Science*, **46**(4):23-85.Sharma, D. D. and Kanojia, Y. (2008).Effect of phosphorus nutrition and agrochemicals on the productivity of soybean. *Legume Research*, **31**(1):51- 53.

Sharma, K. N. e Namdeo, K. N. (1999). Efeito do biofertilizante e do fósforo nos teores de NPK, na absorção e na qualidade do grão de soja (*Glycine max* (L.) Merrill) e no estado nutricional do solo. *Crop Research*, **17**(2):164-169.

Shinde, R. N., Karanjikar. P. N. e Gokhale, D. N. (2015). Efeito de diferentes níveis de fertilizantes e micronutrientes no crescimento, rendimento e qualidade da soja. *Journal of Crop Weed*, **11**(1):213-215.

Shirgapure, K. H. e Fathima, P. S. (2018). Crescimento e rendimento de leguminosas como influenciado pelos níveis de irrigação na zona seca do sul de Karnataka. *Journal of Pharmacognosy and Phytochemistry*, **7**(2):2444-2448.

Shridhara, S. e Thimmegowda, S. (1997). Inter-relação da irrigação deficitária com a soja (*Glycine max* (L.) Merrill.) Produção de grãos e biomassa. *Journal water management*, **20**(2):125-240.

Shubhangi J. Dhage, Patil, V. D. e Patange, M. J. (2014). Efeito de vários níveis de fósforo e enxofre no rendimento, conteúdo de nutrientes da planta, absorção e disponibilidade de nutrientes nas fases de colheita da soja [*Glycine max* (L.)] *International Journal of Current Microbiological and Applied Science*, **12** (3): 833-844.

Sikka, R., Singh, D. e Deol, J. S. (2013). Produtividade e absorção de nutrientes pela soja influenciada por nutrientes integrados e algumas outras práticas de gestão agronómica. *Legume Research*, **36**(6):545-551.

Simonis, A. D. e Setatou, H. B. (1996). Efeito da fertilização com azoto e da população de plantas no rendimento da soja. *Journal of fertilizers and environment*, 241-244.

Sincik, M., Candogan, B. N., Demirtas, C., Buyukcangaz, H., Yazgan, S. e Goksoy, D.W e Granade, G. V. (2008). Efeito da irrigação única em diferentes estágios de crescimento reprodutivo na soja plantada no início e no final de junho. *Ciência da Irrigação*, **21**:69-73.

Singh, H. e Singh, G. (2013). Efeito do potássio e da aplicação dividida de nitrogênio nos atributos de rendimento e rendimentos da soja [*Glycine max* (L). Merrill.]. *Agriculture Science Digest*, **33**(4):264- 268.

Singh, R. P., Gupta, S. C. e Yadav, A. S. (2008). Effect of levels and sources of phosphorus and PSB on growth and yield of Black gram (*Vigna mungo* L. Hepper). *Legume Research*, **31**(2):139-141.

Singh, U, B. e Singh, U. R. (1983). Resposta da soja à irrigação e aplicação de fosfato na área de comando de Chambal. *Jornal da Universidade Agrícola de Maharashtra*, **8**(2):175.

Singh, Y. P., Tomar, S. S., Singh, A. K. e Yadav, R. P. (2017). Efeito da gestão nutricional e dos métodos e horários de irrigação na produtividade, economia e eficiência do uso da água na sequência de cultivo de soja (*Glycine max* L.) - grão-de-bico (*Cicer arietinum* L.) em solo aluvial. *Indian Journal of Agronomy*, **62**:424-430.

Solanke, B. N., Shinde, R. H., Lolamwad, N. S. e Bhosale, A. S. (2021). Rendimento e economia do amendoim de verão (*Arachis hypogaea* L.) como influenciado por diferentes regimes de irrigação e configurações de terra. *The Pharma Innovation Journal*, **10**(11):2857-2860.

Sree, P. S. e Rao, P. G. (1998). Resposta do amendoim a calendários de irrigação baseados em rácios IW/CPE. *Journal of Oilseeds Research*, **15**(2):315-319.

Subbaih, B. V. e Asija, G. C. (1956). Um procedimento rápido para a estimativa do azoto disponível nos solos. *Current Science,* **25**: 259-260.

Sumathi, V., Rao, D. S. e Koteswara, L. (2006). Efeito de fontes orgânicas e inorgânicas de azoto com diferentes calendários de irrigação no crescimento e rendimento do girassol (*Helianthus annuus*). *Indian Journal of Agronomy*, **52**(1):77- 79.

Suresh, K. D., Balaguravaiah, V., Ramulu e Rao, S. (2013). Eficiência comparativa da irrigação por aspersão em relação à irrigação por bacia de controlo no amendoim em diferentes calendários de irrigação. *International Journal of Plant, Animal and Environmental Sciences*, **3**(2):500-527.

Tank, U. N., Damor, U. M., Patel. J. C. e Chauhan, D. S. (1992). Resposta do greengram de verão (*Phaseolus radiaes* L.) à irrigação, azoto e fósforo. *Indian Journal of Agronomy*, **37**(4):833-835.

Tanwar, S. P. e shakatavat. N. S. (2003). Influência das fontes, níveis e solubilização de fósforo no rendimento, qualidade e absorção de nutrientes do sistema de cultivo soja-trigo no sul do Rajastão. *Indian Journal of Agriculture Science*, **71**(1):3-7.

Taylor, M. D. (1997). Acumulação de cádmio derivado de fertilizantes em solos da Nova Zelândia. *Science of the Total Environment,* **208**(1-2):64-68.

Tewari, S. e Pal, R. S. (2005). Effect of phosphorus and potassium on yield, quality, economics and balance studies of soybean. *Research-on Crops,* **6**(3):446-447.

Thanki, J. D., Joshi, M. N. e Patel, V. M. (2005). Efeito da irrigação, fósforo e biofertilizante no crescimento e rendimento da soja de verão [*Glycine max* (L.) Merrill] nas condições do sul de Gujarat. *Journal oil seed Research*, **22**(2):373-375.

Tiwari, P. K. e Tripathi, R. S. (1997). Effect of phosphorus on nodulation, concentration and balance sheet of P in soybean varieties, *Journal Oilseeds Research,* **14**(2):333- 334.

Tiwari, P. N., Gambler, P.N. e Rajan, T. S. (1974). Rapid and non-destructive determination of oil in oil seeds. *Journal of oil chemistry science*, **51**:1049- 1070.

Tomar, S. S., Kushwaha, P. S., Yadav, N. S., Verma, N. S. e Jain, A. K. (1993). Influência do regime de humidade, fósforo e taxa de sementeira nos atributos de rendimento, rendimento e teor de proteínas no greengram de verão. *Journal of Water Management,* **1**(1):37-39.

Tripathy e Bastia, D. K. (2012). Irrigação e gestão de nutrientes para o aumento da produtividade do gergelim de verão (*Sesamum indicum* L.) *Journal of Crop and Weed*, **8**(2):53-57.

Turan, M., Ataoglu, N. e Sahin. F. (2006). Avaliação da capacidade de bactérias e fungos solubilizadores de fosfato em diferentes formas de fósforo em cultura líquida. *Journal of Sustainable Agriculture*, **28**(3):99-108.

Tuteja, S. S. e Tripathi, R. S. (1993). Effect of water stress and irrigation scheduling on performance of summer soybean [*Glycine max* (L.) Merrill]. *Journal of* oilseed *research*, **10**(1):16-19.

Usherwood, N. R. (1998). Gestão de nutrientes para soja de alto rendimento. *Indian Journal of Agricultural Sciences*, **25**(2):67-71.

Vasimalai, M. P. e Subramanian, S. (1980). Resposta do greengram à irrigação e ao fósforo. *Madras agriculture Journal,* **67**(8):508-509.

Walkley, A. e Black, I. A. (1947). Método de titulação rápida para o carbono orgânico do solo. *Ciência do Solo*, **37**:29-32.

Webb, J. R., Mallarino, A. P. e Blackmer, A. M. (1992). Efeitos do fósforo residual e do fósforo aplicado anualmente nos valores dos testes de solo e nos rendimentos do milho e da soja. *Journal of Production on Agriculture*, **25**(5):148-152.

Y adav, M. A., Shekh, S. S., Takar, B. S., Kherawat, Shivran, A e Agarwal, M. C. (2013). Efeito do fósforo e do enxofre no crescimento e rendimento da soja de verão. *International Journal of Agricultural Sciences*, **9**(1):168-171.

Y adav, S., e Singh, B. N. (2014). Efeito dos horários de irrigação e métodos de plantio no crescimento, produtividade e WUE de grama verde (*Phaseolus radiate* L.) no sistema de cultivo de grama verde-trigo-arroz. *Plant Archives*, **14**: 211-213.

Y adava, B. S. (1980). Estudos sobre o efeito da inoculação, adubação com N e P e regimes de umidade na produção de soja. Resumo de Tese, **6**(2):86-87.

Y ao, Y., Chummei, M. A., Zhang, L. e Zhenping, G. (2009). Efeito dos níveis de azoto na absorção e utilização do azoto e no rendimento da soja. *Jornal da Universidade de Agricultura do Nordeste*, **105**(1):25-39.

APÊNDICES

Apêndice - I : Análise de variância para a população de plantas

Fonte de Desvio	D.F.	Quadrado médio para a população de plantas	
		Inicial (20 DAS)	**Na colheita**
Replicação	2	868974716	5233997207
Irrigação (I)	2	1752561637	1371843277
Erro A	4	252530508	218306160
Fertilizante (F)	3	482838047	337871486
I x F	6	6637162	5496479
Erro B	18	153770080	122813055

Apêndice - II : Análise de variância para a altura das plantas

Fonte de Desvio	D.F.	Quadrado médio para altura da planta		
		30 DAS	**60 DAS**	**Colheita**
Replicação	2	16.21	19.848	25.386
Irrigação (I)	2	78.507**	250.879*	273.804**
Erro A	4	4.337	13.616	15.127
Fertilizante (F)	3	21.754**	46.325*	55.282**
I x F	6	0.329	2.040	5.886
Erro B	18	4.266	9.181	10.631

Apêndice - III : Análise de variância para o número de ramos por planta, dias maturação e produção de matéria seca (g).

Fonte de Desvio	D.F.	Quadrado médio para		
		Número de ramos por planta	**Dias até ao vencimento**	**Produção de matéria seca (g)**
Replicação	2	0.809	11.178	10.767
Irrigação (I)	2	5.080**	5.086	45.982**
Erro A	4	0.348	59.892	6.510
Fertilizante (F)	3	1.725**	5.998	30.594**
I x F	6	0.495	2.674	1.920
Erro B	18	0.306	52.821	5.275

* Significativo ao nível de 5 por cento de probabilidade

** Significativo ao nível de 1 por cento de probabilidade

Apêndice - IV : Análise de variância para o número de vagens por planta, número de sementes por vagem, comprimento da vagem e índice de sementes.

Fonte de Desvio	D.F.	Quadrado médio para			
		N.º de vagens por planta	**N.º de sementes por vagem**	**Comprimento da cápsula (cm)**	**Índice de sementes**
Replicação	2	32.177	0.056	0.256	0.175
Irrigação (I)	2	222.715**	0.308	1.408	2.099
Erro A	4	14.951	0.067	0.103	0.411
Fertilizante	3	59.968*	0.196	0.301	1.217

(F)					
I x F	6	33.299*	0.013	0.050	0.338
Erro B	18	11.994	0.063	0.094	0.386

Apêndice - V: Análise de variância para o rendimento de sementes, o rendimento de palha e o índice de colheita

Fonte de Desvio	D.F.	Quadrado médio para		
		Rendimento das sementes (kg/ha)	Rendimento do caule (kg/ha)	Índice de colheita
Replicação	2	8220.71	6743	9.706
Irrigação (I)	2	318916**	367714**	3.122
Erro A	4	16665	21351	15.980
Fertilizante (F)	3	60375*	73702**	2.191
I x F	6	33617*	40683	2.470
Erro B	18	12544	15277	14.982

Apêndice - VI : Análise de variância do teor de óleo e de proteínas e do rendimento

Fonte de Desvio	D.F.	Quadrado médio para			
		Teor de óleo	Rendimento em óleo	Teor de proteínas	Rendimento proteico
Replicação	2	1.180	1586	8.956	8351
Irrigação (I)	2	19.70	19983**	25.66	62698
Erro A	4	1.263	1104	4.567	3485
Fertilizante (F)	2	10.61	3363**	19.52	12165
I x F	4	0.379	996	0.553	3877
Erro B	12	1.138	701	3.828	2438

* Significativo ao nível de 5 por cento de probabilidade

** Significativo ao nível de 1 por cento de probabilidade

Apêndice - VII : Análise de variância para o teor de nutrientes das sementes e do feno (%)

Fonte de Desvio	D.F.	Quadrado médio para o teor de nutrientes nas sementes (%)			Quadrado médio para o teor de nutrientes no feno (%)		
		N	P	K	N	P	K
Replicação	2	0.115	0.004	0.011	0.106	0.002	0.014
Irrigação (I)	2	0.383	0.025**	0.083	0.345	0.006	0.147
Erro A	4	0.055	0.001	0.005	0.019	0.0001	0.008
Fertilizante (F)	3	0.142	0.007**	0.020	0.158	0.002	0.048
I x F	6	0.002	0.002	0.0023	0.004	0.001	0.0001
Erro B	18	0.045	0.001	0.004	0.011	0.0001	0.008

Apêndice-VIII: Análise de variância para a absorção de nutrientes das sementes e do caule (kg/ha)

Fonte de Desvio	D.F.	Quadrado médio da absorção de nutrientes pelas sementes (kg/ha)			Quadrado médio para a absorção de nutrientes pelo feno (kg/ha)		
		N	P	K	N	P	K

Replicação	2	32.253	1.821	2.946	16.251	0.128	3.961
Irrigação (I)	2	590.16**	33.06**	147.35**	172.5**	1.039**	237.81**
Erro A	4	32.878	1.860	8.191	9.664	0.134	15.393
Fertilizante (F)	3	100.93**	6.21**	25.68**	34.80 **	0.386**	48.06**
I x F	6	3.448	0.109	0.501	0.672	0.031	1.472
Erro B	18	28.784	1.463	6.506	8.793	0.103	11.05

Apêndice - IX: Análise de variância para a absorção total de nutrientes nas sementes e no caule (kg/ha)

Fonte de Desvio	D.F.	Quadrado médio para		
		Absorção total Azoto	Absorção total Fósforo	Absorção total Potássio
Replicação	2	99.67	2.88	21.66
Irrigação (I)	2	3800.15**	45.77*	485.03**
Erro A	4	26.29	2.89	13.57
Fertilizante (F)	3	805.77**	8.40*	103.44**
I x F	6	106.10	0.22	11.02
Erro B	18	69.47	1.70	6.76

* Significativo ao nível de 5 por cento de probabilidade

** Significativo ao nível de 1 por cento de probabilidade

Apêndice - X : Análise de variância para os nutrientes disponíveis no solo

Fonte de Desvio	D.F.	Quadrado médio para os nutrientes disponíveis no solo		
		Nitrogénio	Fósforo	Potássio
Replicação	2	23.283	7.506	158.18
Irrigação (I)	2	2381.94**	173.56**	1779.69**
Erro A	4	342.23	9.669	256.07
Fertilizante (F)	3	951.87**	17.73**	721.58**
I x F	6	0.632	3.822	10.293
Erro B	18	301.22	5.596	226.91

Apêndice - XI : Análise de variância para antes da irrigação e depois da irrigação

Fonte de Desvio	D.F.	Antes da irrigação		Após a irrigação	
		0-15 cm	15-30 cm	0-15 cm	15-30 cm
Replicação	2	0.087	0.359	6.331	3.924
Irrigação (I)	2	22.19*	26.03*	25.56	11.43
Erro A	4	2.037	2.389	3.729	4.208
Fertilizante (F)	2	11.34	13.34	10.19	4.262
I x F	4	0.612	0.341	0.588	0.181
Erro B	12	1.903	2.182	3.277	3.837

* Significativo ao nível de 5 por cento de probabilidade

** Significativo ao nível de 1 por cento de probabilidade

Apêndice - XII: Custo comum do cultivo de soja e outros pormenores dos custos incorridos (custos fixos)

S.N.	Particular	Unidades	Taxa	Custo (?/ha)
1.	Lavoura por trator	5 horas	? 400/hora	2000

2.	Arrebatamento de tractores	3 horas	? 300/hora	900
3.	Planking	3 horas	? 250/hora	750
4.	Rotavador	3 horas	? 600/hora	1800
5.	Abertura do sulco	3 horas	? 250/hora	750
6.	Disposição	2 horas	? 250/hora	500
7.	Semente	60 kg ha^{-1}	?70/kg	4200
8.	FertilizanteUreia e DAP	Conforme o tratamento		
10.	Semeadura	6 trabalhadores	? 250/dia	1500
11.	Desbaste e preenchimento de lacunas	4 Trabalhos	? 250/dia	1000
12.	Irrigação	De acordo com os tratamentos		
13.	Monda	15 trabalhadores	? 250/dia	3750
14.	Medidas fitossanitárias	1 Pulverização	? 1000/ha	1000
16.	Colheita	10 trabalhos	? 250/dia	2500
17.	Debulha	8 trabalhadores	? 250/dia	2000
18.	Custos diversos	4 Trabalhos	? 250/dia	1000
			Total	**23,650/-**

Apêndice - XIII : Custo de vários tratamentos

A. Custos de irrigação		
Tratamento	**Número de irrigação**	**Custo total (?/ha) (Irrigação + Custo de aplicação)**
I1	10	6000
I2	12	7200
I3	14	8400
B. Custo dos fertilizantes		
Tratamento	**Fertilizante (kg/ha)**	**Custo total (?/ha) (Fertilizante + Custo de aplicação)**
F1	NPK (40:80:00 kg N:P2O5:K2O/ha)	3847
F2	NPK (30:60:00 kg N:P2O5:K2O/ha)	3181
F3	NPK (25:50:00 kg N:P2O5:K2O/ha)	2794
F4	NPK (20:40:00 kg N:P2O5:K2O/ha)	2431
Custo total da combinação de tratamentos [Irrigação (A) + Fertilizante (B)]		
Tratamento	**Irrigação + Fertilizante (kg/ha)**	**Custo total (?/ha)**
I1F1	0,6 IW/CPE + 40-80-0 NPK kg/ha	9847
I1F2	0,6 IW/CPE + 30-60-0 NPK kg/ha	9181
I1F3	0,6 IW/CPE + 25-50-0 NPK kg/ha	8794
I1F4	0,6 IW/CPE + 20-40-0 NPK kg/ha	8431
I2F1	0,8 IW/CPE + 40-80-0 NPK kg/ha	11047
I2F2	0,8 IW/CPE +30-60-0 NPK kg/ha	10381

I2F3	0,8 IW/CPE + 25-50-0 NPK kg/ha	9994
I2F4	0,8 IW/CPE + 20-40-0 NPK kg/ha	9631
I3F1	1.0 IW/CPE + 40-80-0 NPK kg/ha	12247
I3F2	1.0 IW/CPE + 30-60-0 NPK kg/ha	11581
I3F3	1.0 IW/CPE + 25-50-0 NPK kg/ha	11194
I3F4	1.0 IW/CPE + 20-40-0 NPK kg/ha	10831

Apêndice - XIV: Preços de mercado dos produtos de soja

Produtos	Preço (?/unidade)
Semente	45,0 ?/kg
Stover	2,00 ?/kg

Apêndice - XV : Custo total das diferentes combinações de tratamento

Tratamento	Custo de cultivo (?/ha) (a)	Custo do tratamento (?/ha) (b)	Custo total da cultura Custo A (?/ha) (a+b)
I1F1	23650	9847	33497
I1F2	23650	9181	32831
I1F3	23650	8794	32444
I1F4	23650	8431	32081
I2F1	23650	11047	34697
I2F2	23650	10381	34031
I2F3	23650	9994	33644
I2F4	23650	9631	33281
I3F1	23650	12247	35897
I3F2	23650	11581	35231
I3F3	23650	11194	34844
I3F4	23650	10831	34481

Apêndice - XVI : Custo total de cultivo para diferentes combinações de tratamento

Tratamento	Juros sobre o custo total a 12 % durante 3 meses (c)	Custo B (a+b+c=d)	Encargos de supervisão a 10% do custo total (e)	Custo C = (d+e)
I1F1	1005	34502	3450	**37952**
I1F2	985	33816	3382	**37198**
I1F3	973	33417	3342	**36759**
I1F4	962	33043	3304	**36347**
I2F1	1041	35738	3573	**39311**
I2F2	1021	35052	3505	**38557**
I2F3	1009	34653	3465	**38118**
I2F4	998	34279	3428	**37707**
I3F1	1077	36974	3698	**40672**
I3F2	1057	36288	3629	**39917**
I3F3	1045	35889	3589	**39478**
I3F4	1034	35515	3552	**39067**

MIX
Papier aus verantwortungsvollen Quellen
Paper from responsible sources
FSC® C105338

Printed by Books on Demand GmbH, Norderstedt / Germany